湖北省教师教育学会
脑科学及学习科学专业委员会
★ 推荐用书 ★

打造
最强大脑

袁文魁 ◎ 著

畅销
升级版

中国铁道出版社有限公司
CHINA RAILWAY PUBLISHING HOUSE CO., LTD.

图书在版编目（CIP）数据

打造最强大脑：畅销升级版 / 袁文魁著. —北京：
中国铁道出版社有限公司，2024.6
ISBN 978-7-113-31113-1

Ⅰ.①打… Ⅱ.①袁… Ⅲ.①记忆术–青少年读物
Ⅳ.①B842.3-49

中国国家版本馆 CIP 数据核字（2024）第 058133 号

书　　名：	打造最强大脑（畅销升级版）
	DAZAO ZUIQIANG DANAO（CHANGXIAO SHENGJI BAN）
作　　者：	袁文魁

策划编辑：	王晓罡	编辑部电话：	（010）83545974
责任编辑：	巨　凤		
封面设计：	仙　境		
责任校对：	苗　丹		
责任印制：	赵星辰		

出版发行：	中国铁道出版社有限公司（100054，北京市西城区右安门西街 8 号）
印　　刷：	北京盛通印刷股份有限公司
版　　次：	2014 年 5 月第 1 版　2024 年 6 月第 2 版　2024 年 6 月第 1 次印刷
开　　本：	880 mm×1 230 mm　1/32　印张：9.5　彩插：2　字数：240 千
书　　号：	ISBN 978-7-113-31113-1
定　　价：	69.00 元

版权所有　侵权必究

凡购买铁道版图书，如有印制质量问题，请与本社读者服务部联系调换。电话：（010）51873174
打击盗版举报电话：（010）63549461

读者推荐

  二年级时,我跟随庄晓娟老师学习思维导图,她赠送了我一本《打造最强大脑》。在庄老师的指导下,我开始深入阅读这本书。开始我有些畏惧,以为内容会很枯燥。但真正读起来,才发现袁老师的语言幽默风趣,讲解深入浅出。

  书中的案例取材于我们的日常学习,看了这本书,我不但学会了记忆法,而且提前学会了很多高年级的知识,真是收获很大。不仅如此,书中每一章的导语,都是一个记忆高手的励志小故事,给了我很多信心。《打造最强大脑》不仅在教我记忆,教我学习,更是在教我如何做人!《打造最强大脑》不仅锻炼了我的大脑思维,更锤炼了我的心智。

——小学生 马宜可

  小时候我特别喜欢看《最强大脑》,对里面的记忆超人们非常崇拜。后来我看到了《打造最强大脑》,书籍内容非常全面,除了教我们如何科学使用大脑,还针对学生的各个学科有具体的讲解。我把这些方法应用在学习中,课上听过一遍的知识,结合记忆法很快就记住了。目前我的成绩在学校里名列前茅,学习也非常轻松快乐,游刃有余。

  这本书不但提升了我的逻辑力、记忆力、创造力和想象力,也让我明白了,要想拥有良好的记忆力需要三步:理论、实践和训练!我真心希望更多人看到这本书,开始学习并爱上记忆法!

——初中生 朴振明

我是一名高二的学生，六年级时我接触到记忆法，跟着《打造最强大脑》进行了系统的训练。因为我从小就喜欢画画，所以书中的内容我都非常喜欢，除了在脑海中勾勒出记忆的画面，我还经常把图像画出来。这些方法的训练，不仅让我的记忆力变好了，还极大地开发了我的想象力和创造力，更帮助我在2017年取得了世界思维导图锦标赛的冠军。

在初、高中的学习中，有大量的知识需要记忆。我经常使用记忆法来辅助学习，一些枯燥、难记的知识都能轻松掌握。真心感谢袁老师的这本书，现在每次重新翻开它，仍能带给我很多新的启发，真心希望更多学生能遇见这本"神奇的好书"！

——高中生　裴心爱

我是一名计算机专业的大一学生。我刚开始接触记忆法，是因为小时候贪玩，想快点完成老师布置的作业，也想知道如何最有效率地学习，这样就有更多的时间可以玩了。我打开搜索引擎，找到了袁老师的"疯狂大脑"系列课程，之后我买了《打造最强大脑》《记忆魔法师》等书籍。

我按照书上的方法练习，圆周率前100位可以10秒内背完，高中政治课本的知识点可以信手拈来，这给了我很大的自信。记忆法极大地提升了我的学习效率，可以让我在尽可能短的时间内完成任务，感谢文魁老师改变了我的生活。

——大学生　李子文

我是刚参加完研究生考试的大学生，平时记东西很慢，这让我感到很困扰。为了改变这一状况，我通过《打造最强大脑》开始自学。我细细研读，每学到一个方法，就"强制性"地用在生活中。虽然刚开始我会感到很累，用记忆法的时间比死记硬背还要长，但是随着时间的推移，我逐渐感受到了自己的进步和飞跃。我将思维导图与记忆法结合之后，可以很高效地完成学习任务。

在学习《打造最强大脑》的过程中，我不仅学会了记忆法，而且变得更自信了，能更有方法地学习。在备考研究生考试时，面对大量的记忆内容，我并没有焦虑，而是按照记忆法逐一解决，结果也是令人欣喜的。

那时风动，此时心动，这是与《打造最强大脑》的完美邂逅。

——大学生　郭子玥

我是《最强大脑》第八季选手申海君，目前是研三的学生。真的非常感谢袁老师的一路指点与教诲。看了袁老师的《打造最强大脑》，我尝试记住了56个民族，这给了我莫大的信心。

后来，我跟随袁老师学习记忆法，在自律、学习力、记忆力方面提高了很多。我也做到了一些别人认为我不可能做到的事，比如从市场营销本科跨专业一次性考取了法学研究生，一次性通过了难度非常高的司法考试，最激动的是，虽然不是"世界记忆大师"，却被选为《最强大脑》第八季选手。

——《最强大脑》选手　申海君

我是一名中学语文教师，是高效学习法的推广人，也是袁文魁老师的"铁粉"，他的每一本书我都收入囊中。从一开始的默默实践，到后来参加老师的课程，我自己有了很大的进步。

更重要的是，我儿子也学会了记忆法，这让他在学科学习中如鱼得水，学得轻松又高效，背诵历史、政治、语文等学科知识，几乎毫不费力。

我把记忆法加入思维导图和快速阅读中，学习效果加倍。如果说思维导图和快速阅读是大脑的双翼，记忆法就是让飞翔得以持续的永动机。

我把记忆法分享给我的学生们，让他们也能够高效学习，时光见证了我们每一个开心而又轻松的瞬间。愿更多的少年能享受到学习的快乐！

——教师　薛丽娜

我是一名教师，学习记忆法是想让自己的记忆力有所提升，更重要的原因，是想通过记忆法辅导孩子学习。十几年的教学经验让我发现，大部分学生学习不好的根源就在于没有良好的记忆方法，花费了别人一倍的时间学习，却没有别人一半的成效。

记忆力强的人，在学习上会有很大的优势。好的记忆能让孩子学习更高效，学起来也更轻松，越学越有自信。袁老师在《打造最强大脑》中讲到的绘图法、字头法、故事法等，对记忆文学常识和历史、政治等知识能起到事半功倍的效果。

——教师　刘朝华

我是一名医生，也是一名老师。医学知识很多都需要记忆，为了自我提升，也为了更好地教学，我开始寻找好的记忆方法。《打造最强大脑》让我了解到，记忆力并不是天生的，而是有方法的，通过刻意练习可以提高。我后来报了袁老师的课程，学习记忆法，并于2017年获得了"世界记忆大师"证书！这段学习之旅，让我打开了一扇门，遇见了很多优秀的人，也让自己变得不同！我也把记忆法和思维导图用于教学，影响了很多学生和身边的人。

感恩遇见袁老师，遇见《打造最强大脑》，让我遇见全新的自己，终身成长！

——医生、老师、世界记忆大师　高汉澎

我是一名游戏开发软件工程师，平时工作的内容时常想不起来，还会忘记同事的名字，这对我的职业发展构成了不小的阻碍。

通过阅读袁老师的《打造最强大脑》《记忆魔法师》等，发现原来记忆还可以通过这种方式。我第一次尝试袁老师的记忆法时，就把十二星座、十八罗汉都记下来了，非常震惊地感叹："这真的是我吗？"我有一种打开了新世界大门的感觉。

后来，我学会了各种记忆方法，遇到从外部接收到的信息，只要是我希望记住的，就套用所学的记忆法。我也将记忆法分享给我的爱人、孩子，她们也一样能做到，收获太大了。我相信它对孩子成绩的提高也会起到非常大的帮助。虽然我还是初学者，但是我会持续练习，把书多看几遍。相信坚持就是胜利。

——软件工程师　米　诺

我是生完孩子重回职场的职业女性，因为工作要考取基金从业资格证和会计资格证，有大量的内容需要记忆。机缘巧合，我看到了《打造最强大脑》，它仿佛有魔力般，一翻开就让我停不下来。

这本书生动活泼，非常受用。它帮助我在学习、工作甚至养娃的过程中，建立了强大的信心和系统的方法论，让普通人也能领悟到："哇！原来我真的可以记住那么多知识！哇！原来我能对抗流体智力！"

所以女生们，别相信"一孕傻三年"，只要照着《打造最强大脑》的方法多练多悟，生完孩子重回职场也能如鱼得水，大展宏图。最后，谢谢袁老师的这本书，希望自己的孩子未来也能拜读您的著作，致谢！

——职场精英、宝妈　许　九

我是一名普通的机关工作人员，2020年底开始接触记忆法，启蒙源于阅读袁老师的《打造最强大脑》《记忆魔法师》这两本书。我学习的初衷，是想自学之后再教给孩子，以提高孩子的记忆力。

我按照袁老师的方法指导孩子记忆了《三十六计》和《千字文》等，效果非常好。一年多来，我自己的记忆能力取得了稳步进展，可以在40秒记住一副扑克牌，半小时记忆九副扑克，虽然与专业记忆选手的差距很大，但我会一直坚持下去。

——机关工作人员　王英国

我是一名企业管理人员,接触到《打造最强大脑》是在2021年,通过书籍以及跟随文魁大脑的课程学习,我目前可以50秒内记忆一副扑克牌,5分钟记忆280个数字,和昨天的自己相比,感觉收获满满。

在工作上,我可以一下就记住陌生人的名字,开会即便没有刻意记录,也会很轻松地记住要点。有一次出差打车,自己的皮箱落在了后备厢,我凭借记忆把车牌号、车型、司机特征清楚地表述出来,很顺利地找到了皮箱。

特别感谢袁老师,给予我很多的力量,袁老师让普通人变得更加优秀、更加自信。在快乐中学习,你也可以成为最强大脑,让生活变得简单而幸福。

——企业管理者　张　一

《打造最强大脑》对我的记忆训练之路有着非常重要的意义,是我记忆训练之路的启蒙书籍。后来通过在文魁大脑的学习,我取得了"世界记忆大师"证书,并且从中南大学跨专业考取了哈佛大学研究生,毕业后我也投入大脑教育事业中。

当我开设了自己的课程后,我将其列为教学之路的标杆。它为我在实用记忆领域的训练提供了思路,也为我自己的课程设计提供了逻辑借鉴。

我看过不少记忆法的书籍,我更认可《打造最强大脑》对于记忆法教学的完整性、科学性和可操作性。记忆法本身并不难,但怎样用、怎样教、怎样写、怎样使内容丰富有趣而又通俗易懂,这本书绝对是一个极具学习价值的典范。

——世界记忆大师　万家成

我是一名餐饮工作者，上学时我老是记不住东西，一直在找一种能够有效记忆的方法，甚至在梦中也不断地寻找。直到我在电视上看到王峰，才找到了袁老师。

2016年我买了《打造最强大脑》自学，书中的方法特别管用。后来，我自学了《记忆魔法师》，彻底解决了我记忆难的困扰。无论是考试、演讲、写作、生活等需要记忆的需求，我都能毫不费力地记住，从此感觉像开挂了一样。

跟着袁老师学习，改变了我的一切。我从此爱上了记忆法，感谢遇到这么好的老师，没有他，也没有我现在的美好。

——餐饮工作者　严　立

我是一名退休教师，今年已78岁高龄。2020年底我买了《打造最强大脑》，通过悉心学习和练习，效果很惊人！我从少到多练习记忆，先是记住了九大行星、十二星座、二十四个朝代和《三十六计》，又陆续记住了梁山一百单八将、化学元素周期表、《百家姓》和圆周率后2 100位等。如今，记忆手机号码和快递单号等也变得轻松自如，这都是记忆法给我的帮助。

记忆法给我的退休生活添了不少色彩，既能让我记忆一些感兴趣的东西，又能让我教孙子学习记忆法。非常感谢袁文魁老师！

——终身学习者　英伦风尚

前言

你也可以拥有最强大脑

2014年江苏卫视推出了《最强大脑》，在前四季中，有90%以上的选手展现的都是记忆力，2024年第11季，记忆赛道依然集结了众多记忆高手，他们进行了一项项匪夷所思的挑战，让电视机前的小伙伴们都惊呆了，很多人说："这些人肯定都是天才吧！"

我有20多位学员参与了《最强大脑》，其中有两位表现特别突出。一位是中国队队长王峰，他曾在2010年、2011年世界记忆锦标赛上夺得总冠军，另一位是两次成为"全球脑王"的陈智强，他在初三时获得"世界记忆大师"称号。

即使是他们这样的顶尖记忆高手，都并不是天赋异禀，而是通过记忆法刻意训练出来的。《最强大脑》科学判官魏坤琳老师说："英国的《自然》杂志神经科学研究表明，记忆大师的大脑和普通人相比，形态上没有差别，归纳总结等逻辑能力没有比常人更强，他们就是掌握了很好的记忆技巧。所以千万别以为选手们具有与生俱来的'超能力'，常人无法学习。其实每个普通人，只要愿意，都有可能练成记忆大师。天才和非天才，除了一定的天赋差异之外，最重要的差别在于动机，他们的动机更强、更执着。"

其实，我本人曾经就自觉愚钝，学习主要靠死记硬背。非常幸运的是，我在高中时看书自学记忆法，用于政史地等文科的学习，这让我的记忆和复习效率倍增，最终考取了武汉大学文学院。

在2007年我备考研究生时，一场记忆讲座改变了我的人生轨迹，看到老师将《道德经》任意点背，并且几分钟就记下现场同学报出的108个数字，我感觉这就像是魔法一般，我想："哪怕我只拥有老师十分之一的功力，考研也是小菜一碟了呀！"

报班学习了两天之后，我用了几十个小时将《道德经》背了下来，又花了一周多时间挑战背下了几千个六级单词，训练50多个小时，就可以2分钟记忆1副扑克牌。这些给了我莫大的信心，也让我对记忆法的热情超过了考研。我选择直接保研武大后，和同学在武大创办了记忆协会，来普及和推广记忆法。

2008年5月，我去广州跟随中国记忆总冠军郭传威老师训练。每天六小时左右的刻意练习之后，10月26日，我在巴林举办的世界记忆锦标赛上获得"世界记忆大师"称号，当时全球不足六十人，中国仅有十位。

2009年，我在记忆协会指导的选手王峰，在伦敦取得世界第五、中国第一的名次。次年，他打破多项世界记忆纪录，成为世界记忆锦标赛十九年来亚洲首位总冠军。2011年，王峰、刘苏和李威为中国首次夺得国家团队冠军奖。

2014年我创办文魁大脑俱乐部（全称：武汉文魁大脑教育科技有限公司），成立了"文魁大脑国际战队"，我和胡小玲等老师共培养出近百位"世界记忆大师"，胡家宝、张麟鸿等选手还是吉尼斯世界纪录创造者。2021年在脑力奥运三十周年盛典上，战队获得了"中国区最佳战队奖"。

一个人的成功不叫成功，帮助更多人成功，才是真正的成功。在十多年教练生涯中，我发现，哪怕是夺冠的选手，其实本身的记忆天赋也很一般，都是方法运用正确和刻意练习的结果。所以，我可以很肯定地说，你也可以成为记忆高手。

那为什么有些人学了效果不明显，而有些人则成功地打造了最强大脑？我认为有四个核心关键字：信、愿、法、行，也就是相信、愿力、方法、行动，这四者缺一不可。

首先来看看"相信"，首先要相信大脑具有可塑性，是可以通过训练改变的。2009年王峰看到记忆协会招生时，他很疑惑地问："记忆力不是天生的吗，还可以后天训练出来？"他高中时是理科生，他说："以前能够不记的就不记，因为很讨厌记忆！"直到他听完我的第一节课，将圆周率一百位和《三十六计》倒背如流，才相信记忆真的有方法，于是开始了在记忆领域的探索。

后来，他问我："如果我努力训练三个月，可以成为'世界记忆大师'吗？"我非常坚定地告诉他："一定可以的！"王峰相信了，并且埋头练习。后来，我的教练相信他可以夺得世界前五，还可以打破世界纪录。王峰果然在比赛中都做到了，这就是"相信"的力量。

"相信"的反面是怀疑和自我设限，一些设限来自权威、长辈的声音，一些则来自过往的经历，让我们相信"我天生就智商不高""我脑子笨，学不了这玩意儿""最强大脑都是有天赋的，我没有天赋""记忆法是骗人的，不实用""我年龄大了，练不了记忆力"。如果因为这些观念限制了自己，我们就会一直待在舒适区，不愿意尝试新的可能，大脑的潜能也就会被埋没。

对我改变很大的一本书《生命的重建》里说："可以控制你内心想法的，唯有你自己而已！你就是你自己世界的主宰！过去的想法与信念，造就了现在的你；而你现在所选择的信念、想法和言语，也会成就你的下一刻、下一天、下个月、下一年。生命最有力量的一刻，就在当下，改变就是从现在开始的！"所以，请从当下这一刻开始，告诉自己："我也可以成为记忆高手！"

接下来就是"愿力"，也就是训练记忆的兴趣与动力。有些人看过《最强大脑》后，相信自己也可以训练出来，但是并没有兴趣来训练。有些朋友和我说："我觉得记忆力够用就行了，不需要那么好。""我有需要就查百度，不用都靠大脑记忆。""我没有那个定力来训练，等我孩子长大了来跟你学。""我时间不够，等以后老了再学习。"

我做大脑记忆培训有十多年时间，也接触过不少被家长"威逼利诱"来的孩子，他们本身对学校的学习就很反感。有些孩子来了以后，"人在曹营心在汉"，上课时心不在焉，甚至偷偷吃零食。部分孩子在上课时发现了记忆法的乐趣，开始认真听起来，有的孩子则是回家之后，发现背单词、背课文很困难，用记忆法尝试了一下，还真管用，下次来复训就学得很认真，因为有"愿"。

如何产生更大的愿力？

一是榜样的示范效应。我的很多学员都是看了《最强大脑》后，希望能够和那些记忆大师一样厉害，于是来参加我的课程。比如退伍军人陈浩，2014年看完第一季《最强大脑》后，就蹦出了一个念头："别人可以做到的，我为什么不行？"他来参加我的面授课程后，当年就成了"世界记忆大师"，2017年参加了《最强大脑》挑战师兄王峰。

二是梦想使命的力量。当学习记忆法与自己的梦想挂钩时，就会让动力变得更加强大。比如记忆培训学校校长张鑫，他希望通过自己学好记忆法，给自己的学生们做好榜样，也能够帮助更多的学生摆脱记忆的痛苦，这份动力让他在文魁大脑俱乐部刻意练习了近一年的时间，于2019年成为"世界记忆大师"。

三是兴趣部落的力量。与志同道合的朋友一起，学习和训练的动力会更足。我在2008年为何要去广州训练，因为在武汉训练扑克、数字等项目时，周围的同学都不理解，甚至觉得我陷入了"传销"，而在广州我有老师和同伴，能得到他们的鼓励和指导。

我创办文魁大脑俱乐部，也是希望有志于大脑开发的朋友，能够一起携手，共同进步。当家人和朋友都不理解你时，这里有一群人懂你。你可以添加"文魁老师"微信号：1053779654，回复"DZ"，助理老师会邀请你加入本书的读者群，和师兄、师姐以及其他读者一起交流互动。

再来谈谈"方法"，当我们相信了，并且想学了，方法才有意义，不然，它只是你眼中的"屠龙之技"。有人看完《最强大脑》，觉得选手是用死记硬背的方法来记忆的，于是拿起扑克牌就开始练习记忆，结果练了很久也没有起色，反而怀疑自己是不是脑子笨。这就是所谓的"方法不对，努力白费"。

当然，有"方法"也容易让人迷惑。我2007年学习记忆法时，同类书籍很稀少，网络资料良莠不齐，我走入了一些学习的误区。比如，我曾经下载了非常多网络资料，钻研各种炫酷的方法，也曾拜师学习某种专利记忆法，"少则得，多则惑"，我越学反而越迷茫，因此浪费了大量的时间。

目前，市面上的记忆法书籍多如牛毛，大同小异，大部分都出自"世界记忆大师"之手，方法命名不同，案例不同而已。建议大家优先考虑中国人原创的书籍，更适合中国人的思维习惯和语言体系。另外，精读两至三本即可，读得多、读得泛容易变成"知识收集者"，意义不大。如果你更喜欢音频、视频或面授的学习模式，可以找到作者的相关课程，通过多渠道学习，效果会更好一些。

最后是"行动"，也就是"刻意练习"。我很喜欢陆游的诗："纸上得来终觉浅，绝知此事要躬行。"《朱子读书法》里教育家朱熹说："若但入耳出口，以资谈说，则亦何所用之？既已知得，便当谨守力行，乃为学问之实耳。"我们学了各种记忆方法，不是用来吹牛皮的，而是要真正地用起来。就好比学了几十本游泳书，说起理论来头头是道，跳进长江却一命呜呼，这样没有任何意义。

行动的第一步，就是完成书中的练习，再与参考联想进行对照，反复进行琢磨，思考如何改进；第二步，尝试用于学习和生活中，刚开始会有点慢，万事开头难嘛，你可以和同学一起交流，或者请前辈给予指导，脑洞打开之后，速度就越来越快了；第三步，跟随记忆教练参与专业的记忆训练，包括数字、扑克、词汇等记忆比赛项目的训练，未来有机会去参与各种记忆比赛和《最强大脑》等节目。

《奇迹课程》里说："你选择什么，就会相信什么，这是你的自由；

而你决定怎么做则反映出你相信了什么。"所以，只有你看完本书并行动了，才表示你真的相信了。当你"行"了，你就"行"了！当你取得了小小的成绩时，你就会更加相信记忆法，更加愿意去学习和践行，这是一个良性的循环。

这本《打造最强大脑》希望在信、愿、法、行这四方面，助力你来打造最强大脑，拥有超强记忆。这本书诞生于2014年，累计销量超过10万册。随着我的实用记忆和教学经验的增加，我对记忆法也有了新的理解，于是出版了这本"畅销升级版"。

在记忆方法和学科应用部分，我替换和增加了一些新的案例，比之前的版本更加实用。在此，特别感谢吕柯姣、焦典、赵美君、向慧、白宇晨、曾俊颖、张闯、童勋壁等老师提供的部分案例。另外，我删掉了扑克、数字等"记忆锦标赛"相关的内容，这些在我的《学霸记忆法：如何成为记忆高手》里会更深入、更细致的呈现。我新增了"提升记忆力的十大妙招"这一章，并在书里分享了很多冥想，它们选自我在酷狗音乐的专栏节目《世界记忆大师：101个记忆小妙招》《大脑赋能冥想：助眠减压 激发脑潜能》，可以帮助你更好地为大脑赋能。

为了让方法的讲解更通俗易懂，本书也特别增加了一些插图，方便读者更好地想象出记忆联想的画面。这些图大多数是文魁大脑俱乐部的老师和学员们绘制的，要感谢李幸漪、庄晓娟、吕柯姣、苏悦、阴亮等绘画师，还要特别感谢庄晓娟老师教的朴振明、裴心爱、张桂萍、刘熙雯等十位中小学生，他们各具特色的画风，让本书更加活泼有趣。

我希望看到的是，你能够将书中的方法学以致用，并且能够看到自己大脑的无限潜能。记忆法将会为你打开一扇未知的大门，让你进入一种"不知"的状态。《唤醒你与孩子内在的无限可能》中有一句话："向学习的渴望敞开，向新的体验敞开，向未知敞开。"

有位导师告诉我："大脑开发的终极目标是天人合一，灵性觉醒。"《华盛顿邮报》曾将"生命的觉醒和开悟"列为"世界最新十大奢侈品"之首。《新世界：灵性的觉醒》中说："生命有内在目的和外在目的，你的内在目的是觉醒，这个目的对地球上所有人来说都是一样的，因为它就是人类的目的。找到你的内在目的，并且活出它的一致性，是你成就外在目的一个重要的基础。"

我想朝着"觉醒"这个愿景来探索，这让我知道，成为记忆高手，哪怕是世界第一，都只是大脑开发的冰山一角，不要因此故步自封，自鸣得意。过去的成绩只是"万里长征的第一步"，我要谦卑地做这条路上的探索者，"路漫漫其修远兮，吾将上下而求索"。永远做一个"学生"，臣服于未知，开放地学习。

在这本书里，我将我验证过的记忆法与你们分享，至于新的探索，以后会在自我实验有结果时著书分享。好啦，请你先着眼于记忆法，通过这套相对成熟的体系，跟着我一起来打造最强大脑吧，相信你的生命会因此变得更加美好！

2024年4月13日

袁文魁于武汉

目 录

上篇 大脑赋能篇

第一章 激发记忆的潜能 ······003

- 第一节　记忆原来是这么回事 /004
- 第二节　最佳记忆这样来判定 /009
- 第三节　你的记忆力能够得几分 /013
- 第四节　消灭影响记忆力的"拦路虎" /018
- 第五节　这些记忆的好习惯你有吗 /020

第二章 为你的大脑装上新系统 ······023

- 第一节　左脑和右脑是不是双胞胎 /024
- 第二节　开启右脑最佳状态的三种法宝 /026
- 第三节　为大脑植入超强自信"芯片" /031

第三章 给记忆力安上系统软件 ······037

- 第一节　注意力训练 /038
- 第二节　观察力训练 /043
- 第三节　想象力训练 /047
- 第四节　联想力训练 /052
- 第五节　形象转化训练 /060

下篇 记忆技巧篇

第四章 这样记忆最有效
……069

第一节　配对联想法 /070
第二节　数字定桩法 /075
第三节　地点定桩法 /081
第四节　万物定桩法 /090
第五节　图像锁链法 /096
第六节　情境故事法 /101
第七节　字头歌诀法 /107
第八节　口诀记忆法 /111
第九节　绘图记忆法 /115

第一节　明确目标 /129
第二节　精选记忆 /133
第三节　多感官记忆 /141
第四节　回忆策略 /148
第五节　科学复习 /152

第五章 记忆也要讲策略
……123

第六章 语文记忆法 ……157

第一节 如何记忆字音 /158
第二节 如何记忆字形 /166
第三节 如何记忆文学常识 /170
第四节 如何记忆诗词文章 /175

第七章 英语单词记忆法 ……187

第一节 拆分记忆法 /188
第二节 比较记忆法 /196
第三节 单词串烧法 /199
第四节 网络记忆法 /204

第八章 文理科记忆法 ……207

第一节 历史记忆法 /208
第二节 地理记忆法 /221
第三节 政治记忆法 /229
第四节 理科记忆法 /237

第九章
提升记忆力的十大妙招
······247

第一节　学习环境法 /248

第二节　健脑饮食法 /251

第三节　益智茶饮法 /255

第四节　运动益智法 /257

第五节　家务锻炼法 /262

第六节　穴位按摩法 /266

第七节　手印刺激法 /269

第八节　睡眠健脑法 /272

第九节　觉察反参法 /275

第十节　大脑赋能冥想法 /278

上篇　大脑赋能篇

第一章·激发记忆的潜能

《最强大脑》上记忆超人们的惊人表现，让不少观众都开始抱怨："不看《最强大脑》，不知道自己脑子笨，人的记忆潜能到底是有多大呀？"

20世纪最伟大的科学家爱因斯坦说："人类最伟大的发现之一，就是对大脑无限潜能的认识。"据说他这么聪明的大脑也只开发了不到10%。美国心理学家奥托认为："在正常情况下，一个人所发挥出来的大脑能力，还不足他全部能力的4%。即使世界上记忆力最好的人，也没有达到记忆能力的10%。"

我多年带队参加世界记忆锦标赛，也见证了世界记忆纪录不断被刷新。曾经在1991年这项赛事刚刚创办时，有科学家嘲笑这个比赛完全没有意义，人类不可能在2分钟内记住1副扑克牌，也不可能1秒钟听记数字超过20个。然而如今，最厉害的选手可以用13秒记住1副扑克牌，只听1遍记住456个英文数字的顺序，1小时记忆2 530张洗乱的扑克牌，1小时记忆4 620个数字，真的是令人匪夷所思！

而这些记忆天才，也并非天生，他们和你不一样的不过是掌握了全脑记忆法，并且通过训练激发出了无穷的潜能，如果你能够相信自己，并且享受训练的过程，你也会成为"记忆超人"！

本章我将会通过一些故事和测试，带你来了解什么是"记忆力"，帮助你克服对记忆的恐惧，了解你的记忆潜能到底有多大，以及如何开启更适合自己的记忆训练之旅。

第一节
记忆原来是这么回事

笑笑是一个疯狂的舞蹈爱好者，不管多么复杂的舞蹈，她只要看上几遍就会跳，但是妈妈总会批评她："你学舞蹈记得这么快，怎么背单词总记不住？每次听写都不及格！"笑笑其实也花了很多工夫来记单词，但就是记不住，她也很苦恼。

英国人本·普里德默尔是世界顶尖的记忆大师，他能够在半小时记住4140个由0和1组成的二进制数字，能够1小时记住28副扑克牌，然而他却经常忘记带钥匙，而且还经常叫不出朋友的名字，让人觉得不可思议。

为什么我们记住了这些，又忘掉了那些？为什么"记忆大师"有时也会成为"失忆大师"？我们先来看看，到底什么是"记忆"吧！

从通俗的角度来说，"记忆"由"记"和"忆"组成，"记"就是将我们通过眼睛、耳朵等感官接收到的信息储存在我们的大脑里，而"忆"就是在需要的时候将这些信息提取出来，听写、考试等都是"忆"的过程。

我们的大脑在储存信息时，有时是在不自觉的情况下进行的，就像是电脑的"后台操作"一样，比如我们在大街上闲逛，或者随意地看一场球赛、翻一本杂志，没有人特别要求你去记住什么，我们也没有像和尚念经一样去反复读，但往往我们在不经意间能记住很多东西，比如街上的一个广告牌、球赛的经典进球，或者是杂志某篇文章的内容。科学家将这样的记忆称为"无意识记忆"，它就像是我们的呼吸一样存在着，但我们却没有太在意它的存在。

与"无意识记忆"相对的就是"有意识记忆"，比如我们平时背课文、背单词以及记住电话号码等，都是"有意识记忆"。它都有预定的记忆目的和要求，需要我们付出一番努力来记忆，并且可能还要运用一定的记忆方法，最终的结果我们可以检测和控制。"有意识记忆"符合大脑"越使用越灵活"的规律，记忆方法运用越熟练，我们"有意识记忆"的能力也会越来越好。

当然记忆还会根据对象的不同而有所差异，就像十八般武器，舞得好剑的人不一定玩得好枪。同样的道理，背课文快的不一定学武术也快。当然，会某种兵器的人学其他兵器，会比未接触过武术的人更快。同样，记忆大师们要来挑战新的记忆项目，比如《最强大脑》上挑战京剧脸谱、人物剪影、麻将牌等项目，都会比没有经过训练的普通人要快得多。

记忆按照内容，大致可分为五类：

1. 形象记忆

对于风景、建筑、画作、人脸、物品等具体画面的记忆都属于形象记忆。英国画家斯蒂芬·威尔特谢尔曾乘直升机飞过英国伦敦、意大利罗马、中国香港和日本东京等城市的上空，凭记忆精确绘出了这些城市的航空俯瞰图，相似度竟高达90%以上。斯蒂芬的这种能力是因为自闭症造成的。《最强大脑》第二季中，山东 23 岁小伙辛哲用了 1 天的时间在维多利亚港上空进行观察，用了 18 天的时间坚持完成了手工绘制，这是后天训练出来的形象记忆能力，实在让人钦佩！普通人的形象记忆虽没有他这么强大，但是大部分人能够将看到的形象再现于脑海，如果经过记忆法的专业训练，这种能力将会变得更加强大。

2．情境记忆

对亲身经历过的，有时间、地点、人物和情节的生命事件的记忆叫作情境记忆，也称为"自传式记忆"，我习惯称之为"生命记忆"。世界上有一类人患有"超忆症"，他们能完美地回忆起曾经发生的一切事情，他们的大脑在自传式记忆相关的区域比较特殊，超忆症者在考试中记忆事实和数字等方面的能力并不一定比普通人突出。

我们普通人只会对一些新奇、有趣、激发强烈情感的情境记忆比较深刻，比如高空跳伞、走玻璃栈道、在公众面前出丑、亲人离世、失恋等。

3．语义记忆

也叫词语、逻辑记忆，是用词语概括的各种知识的记忆，一般是比较抽象而概括的，我们在学校里学习的各门科目都以语义记忆为主，比如单词、文章、常识、概念、定理、公式等。我在 2024 年推出"知识记忆管理师"的认证课程，那些能够通过运用记忆法等记忆管理技巧，在语义记忆方面达到优秀水平的记忆学员，就有资格被称为"知识记忆管理师"。

4. 情绪记忆

人在生活中产生的愉快、悲伤、绝望等情绪，都会在脑中留下"记忆印痕"，并在一定的条件下回忆起来。情绪记忆比其他记忆保持的时间更持久，甚至会终生不忘，像习惯性的恐惧等异常症状就是在此基础上形成的。情境记忆的印象之所以深刻，也常是因为伴随着情绪记忆。鲁迅作品《祝福》里的祥林嫂，逢人便讲述自己的悲惨经历，就是在回忆情境中强化了自己的情绪记忆。

通过记忆法、认知心理学和国学中的一些方法，我们可以重塑过往的情境记忆，释放与之相关的情绪记忆，从而改变对过往事件的认知，让我们境随心转，活出幸福喜乐的生命状态。我将那些擅长情境记忆和情绪记忆管理的人，称为"生命记忆管理师"，我的学员汪佑礼就是一个典型的例子。

5. 动作记忆

对身体的运动状态的记忆，比如对舞蹈、武术、骑车、打乒乓球等动作的记忆，都属于动作记忆。《最强大脑》第一季第一期的体操美女赵越穿越激光线就是属于动作记忆。动作记忆一般采取分解动作和放慢动作来记忆，同时也会辅以语义记忆，比如学太极有经典的口诀：一个西瓜圆又圆（双手在胸前做太极抱球动作），劈它一刀成两半（一只手做扶西瓜状，另一只手做刀状绵绵地向下劈），你一半来（双手左捋）他一半（右捋）……

综艺节目《集合！开心果》里的脱口秀选手何贤文，本身是一名舞蹈演员，他记忆各种舞蹈动作，都是将其转化成生活的情境，顿时就觉得非常容易了。

记忆的内容不同使得不同的人存在着记忆的差异，有的人能够很好地记忆课本上的定理、公式，有的人则很快能够记住跳舞的舞步，还有些人对于过去发生的往事记得一清二楚，另一些人对于看过的照片过目不忘，所以我们无法从这个层面上简单地来比较"好的"或"差的"的记忆力。

这本书主要讲的是学习中的记忆力，所以以语义记忆训练为主，但我们可以将其他方面记忆的特长用于语义记忆。比如记忆大师们就擅长把语义记忆转化成脑海里的小电影，这就是"形象记忆"和"情境记忆"，并且自己还会身临其境地感受喜怒哀乐，这就是"情绪记忆"。另外，还可以将文字转化成手语或者舞蹈动作来记忆，这就是"动作记忆"，转化之后就可以达到更好的记忆效果。

第二节
最佳记忆这样来判定

小红和小粉是同学,她们两个经常相约一起背课文,小红每次只知道死记硬背,但是她的速度非常快,当时也能够完全背出来;小粉则速度要慢很多,但她会去好好理解文章,去想象文章的意境,甚至还会花时间去画文章的结构图。虽然小红比小粉提前 20 分钟背完,但是第二天,小红已经忘得差不多了,而小粉则大部分都印象深刻。

我们的记忆,到底该不该追求快呢?记得快是否一定意味着忘得快呢?我们一起来看看到底如何来判定最佳记忆吧!

良好的记忆品质包括记忆的"四性":敏捷性、牢固性、准确性和备用性。

1. 敏捷性

记忆的敏捷性是指在一定时间内所记住的对象的数量多,换句话说,就是记得快。比如记忆英语单词,同样是一个小时,甲能够记忆 100 个,乙能够记忆 30 个,甲就比乙快;如果同样是要记忆 100

个单词，甲需要 1 小时，乙只需要 30 分钟，乙就比甲要快。

对于"最强大脑"而言，快是必不可少的，在《最强大脑》第二季中德对抗赛上，王峰与快速扑克世界纪录保持者西蒙巅峰对决，比的就是争分夺秒，最终王峰以 19.80 秒全对的成绩，现场创造了新的世界纪录，这也是人类历史上第一次在公开场合突破到 20 秒以内，这体现的就是记忆的敏捷性。

2. 牢固性

记忆的牢固性也称记忆的持久性，是对记忆的巩固程度而言的，就是指长久不易遗忘。只是记得快，但记忆不牢固、不持久，也不是高效记忆。通过记忆法对材料进行深度加工，并按规律进行重复是使知识牢固记忆的技巧。

在 2022 年第 30 届世界记忆锦标赛上，文魁大脑国际战队选手张麟鸿 30 分钟记对 24 副扑克，成为吉尼斯世界纪录保持者。能够在半小时后还清晰记得这么多副扑克的顺序，可见他的记忆非常牢固。事实上，这些扑克即使不再复习，一周之后让他回忆，绝大部分都还记得。

3. 准确性

记忆的准确性是指回忆或者辨认识记过的材料时，能忠实地保持原来的面貌，没有歪曲、遗漏、增添和臆想。语文考试里出现搞笑的古诗填空，就是记得不准造成的，比如：_____，为伊消得人憔悴。有同学回答：宽衣解带终不悔。其实正确的答案为"衣带渐宽终不悔"。还有很多大学生对于小学时学的单词 cap，非常坚定地认为它是"杯子"的意思，其实它的意思是"帽子"。要想记忆准确，第一次记忆就要记准，如果在回忆时出现错误，要及时复习，修正我们的记忆。

4. 备用性

记忆的备用性是指随时都能迅速地提取记忆中贮存的知识，包括在紧张情绪和疲劳状态下也能迅速地提取过去记住的知识。很多同学都出现过在考场上大脑空白、一出考场马上就想起来的场景，还有某句话或者某人的名字到了嘴边上，就是想不起来到底想说的是什么，这些都是"记忆空白"现象。如果我们能够深呼吸一口气，让自己放松下来，先做别的题目，或者想想无关的事情，也许答案会自动冒出来。

记忆学前辈王洪礼老师认为，从学习考试的角度来说，一般符合下列两个标志，可判定为最佳记忆：①记忆敏捷、牢固、准确，具有备用性；②记忆不很敏捷，但牢固、准确，具有备用性。当然，如果能够达到第一条，那是最好不过的。

提到"牢固性"和"备用性"，还涉及保持时间的长短，就不得不提根据识记与保持时间的长短来区分的三种类型，即瞬时记忆、短时记忆、长时记忆。

瞬时记忆又叫感觉记忆，是指外界刺激以极短的时间一次呈现后，信息在感觉通道内迅速被登记并保留一瞬间的记忆，一般为几秒钟。

短时记忆是指外界刺激以极短的时间一次呈现后，保持时间在1分钟以内的记忆。

长时记忆是指外界刺激以极短的时间一次呈现后，保持时间在1分钟以上的记忆，甚至有些信息是一辈子不忘的。长时记忆的容量是无限的，其编码方式包括语义编码和表象编码两种方式，如果能够结合，记忆效果更好。比如，看到 car 这个单词同时看到车的图片，就比只有单词更容易进入长时记忆。

瞬间记忆一般通过视觉和听觉等感官，当我们反复重复时，瞬间记忆可以进入短时记忆。在经典励志电影《当幸福来敲门》里，史密斯听到招聘者报出的电话号码，因为没有纸笔记录，他反复地念叨着电话号码，并避免别人说数字干扰，直到把号码写在了纸上。这是因为瞬间记忆有时短至1秒，只有重复刺激，大脑才会留下痕迹。

而想要把短时记忆转化成长时记忆，除了重复刺激、不断回想、经常运用之外。还可以用记忆法对材料进行编码加工，比如运用谐音的方法来对电话号码进行联想，如18698326279这个号码，可以谐音想到"一个背着背篓（86）的人在酒吧（98）里用扇儿（32）把牛儿（62）扇到气球（79）上面。"想象这样一幅生动的画面，过几天再想想，相信你一定还记得！

关于记忆的三种类型，经常有学生家长或学生问我："你们的记忆法是短时记忆还是长时记忆？"科学家曾经对最强大脑选手的大脑做过测试，他们在记忆时是直接将瞬间记忆转化为长时记忆，运用的方法正是本书所讲的全脑记忆法。所以我们经过训练之后可以记得很快，而且保持的时间很长，当然，这并不代表着永远不忘，有些知识还是需要科学复习和反复应用，才能保持更久。

但是，我们不应该厚此薄彼，觉得长时记忆就是好事，短时记忆就是不好，它们有不同的功能，在记忆特定的信息达到特定的记忆目标时，我们需要灵活去决定。比如，现在你收到一条短信，需要记住一次性的验证码。你只要输入成功就可以了，这时候完全没有必要耗费脑力把它放进长时记忆。还有我们每天会看到各种东西，听到各种声音，我们也只需要瞬间记忆即可，没有必要都放入我们的长时记忆。随时随地往大脑里塞东西，短时记忆进入长时记忆的管道会"堵塞"，我们也会感觉头晕脑涨，所以有选择才是最好的，而记忆法正是让我们可以管理大脑记忆的利器！

第三节
你的记忆力能够得几分

为什么同样是一篇课文,有人看几遍就会了,有人几天还背不下来?为什么同样是听课45分钟,有人当场就记住了知识,有的听完后大脑一片空白?不同的记忆力影响到你的学习力,进而影响到你的学习成绩,这里有一份特殊的试卷,让我们一起来测试一下,你的语义记忆的能力能够得几分?

现在你需要准备一支笔和一个计时工具,然后启动你的大脑,深呼吸几口气,放松心情,告诉自己:"我的记忆力非常棒!"积极的心理暗示可以让你表现更棒哦!

1. 短时记忆广度测试

我们平时边听课边记笔记,以及看完一遍书后复述里面的内容,依靠的都是短时记忆,短时记忆的容量很小,一般来说是七个单位,可以是七个无意义的音节,七个毫无关联的字、词等。

下面两个测试分别为数字和字母,请你依次读一遍每一行的数字和字母,然后找一张纸默写出来,直到哪一行出错为止,上一行就算你的最终成绩,接近你的短时记忆广度。你的短时记忆广度在哪一行,你就得到多少分,比如在第五行,就得 5 分。

(1)数字篇。

第一行:89031

第二行:928493

第三行:4902479

第四行:48297294

第五行:249341491

第六行:4421495241

第七行:81947913948

第八行:901839403820

第九行:4138913879240

第十行:16830137824023　　　　测试得分:_____

(2)字母篇。

第一行:CKSO

第二行:EOETI

第三行:DIELSA

第四行:DWICIEK

第五行:CHQCKDIW

第六行:DHVCDKSBU

第七行:OWPCHISBIE

第八行:QOECNSDIWOH

第九行:UVCJEKSDNDIS

第十行:CVHIEHISLDNCO　　　　测试得分:_____

2. 知识点抢记测试

下面有三道百科知识和考试常见题：第一道是记忆"中国十大名茶"并按照顺序写出来；第二道题是记忆一些重要国家的首都，随机抽查国家对应的首都，或者首都对应的国家；第三道题是历史年代的记忆，记住事件所发生的年代。三道题分别有5分钟的记忆时间，要将自己的大脑开足马力哦，每一个空2分，共60分。

（1）中国十大名茶。

①西湖龙井　　　　②洞庭碧螺春
③黄山毛峰　　　　④庐山云雾茶
⑤六安瓜片　　　　⑥君山银针
⑦信阳毛尖　　　　⑧武夷岩茶
⑨安溪铁观音　　　⑩祁门红茶

请答题：
①_____　　②_____
③_____　　④_____
⑤_____　　⑥_____
⑦_____　　⑧_____
⑨_____　　⑩_____

测试得分：_____

（2）国家与首都。

①韩国—首尔　　　　②菲律宾—马尼拉
③马来西亚—吉隆坡　④老挝—万象

⑤柬埔寨—金边　　　　⑥缅甸—内比都
⑦尼泊尔—加德满都　　⑧巴基斯坦—伊斯兰堡
⑨伊朗—德黑兰　　　　⑩伊拉克—巴格达

请答题：
① _____—首尔　　　　②菲律宾—_____
③马来西亚—_____　　④_____—万象
⑤_____—金边　　　　⑥缅甸—_____
⑦尼泊尔—_____　　　⑧巴基斯坦—_____
⑨伊朗—_____　⑩伊拉克—_____

测试得分：_____

（3）历史年代。

① 1851年，太平天国建立。

② 1955年，万隆会议召开。

③ 1799年，拿破仑发动"雾月政变"。

④ 1864年，第一国际成立。

⑤ 1882年，德意奥三国同盟形成。

⑥ 1939年9月，第二次世界大战全面爆发。

⑦ 1979年，中美建交。

⑧ 1804年，拿破仑称帝。

⑨ 1957年，武汉长江大桥建成。

⑩ 1368年，朱元璋建立明朝。

请答题：

① _____ 年，太平天国建立。

② _____ 年，万隆会议召开。

③ _____ 年，拿破仑发动"雾月政变"。

④ _____ 年，第一国际成立。

⑤ _____ 年，德意奥三国同盟形成。

⑥ _____ 年 __ 月，第二次世界大战全面爆发。

⑦ _____ 年，中美建交。

⑧ _____ 年，拿破仑称帝。

⑨ _____ 年，武汉长江大桥建成。

⑩ _____ 年，朱元璋建立明朝。

测试得分：_____

现在我们的测试就到此结束了，算一算你目前的总分是多少吧。如果你能够得 50 分以上，说明你的记忆力还不错，不过你还有很大的记忆潜力可以开发；如果你只有不到 30 分，没关系，起码说明这本书你没有白买，跟着我一起学习吧，掌握了超强的记忆法，并进行科学有效的训练之后，相信你再做这个测试时，一定会觉得是小菜一碟了。

第四节
消灭影响记忆力的"拦路虎"

"我的年纪大了,记忆力越来越糟糕了!""他每天晚上熬夜玩游戏,白天上课晕乎乎的,什么都记不住!""我的头好痛,记什么头都好大!"我经常会听到这样的抱怨,其实这些确实都和记忆力有关。

除了遗传基因和身体的激素,我们的身体状况等很多因素都会影响我们的记忆力。为了更好地提升记忆力,我们必须了解并且消灭阻碍我们前进的"拦路虎"。

下面我们做一个测试,请你花几分钟的时间,想想哪些因素影响了你的记忆力。请记住,一定要清楚地找出那些因素,把以下因素从1到10排序。(注:1分代表最小的阻碍,10分代表最大的阻碍。)

1. 压力:面临着来自父母和老师过重的压力,经常性地焦虑和恐慌。(　　)

2. 信心:经常性地出现想记记不住而丢丑的现象,对记忆没有信心。(　　)

3. 年龄:你的年龄的增长对记忆产生了影响。(　　)

4. 生理：你在身体或是智力方面有一些疾病，影响了你的记忆力。（　）

5. 饮食：经常抽烟喝酒，或者吃油条、烧烤等垃圾食品和高脂肪的食物影响记忆力。（　）

6. 动力：你对记忆东西没有动力，缺乏热情和意志力。（　）

7. 练习：平时懒得记东西，练习记忆的时间不够。（　）

8. 注意力：无法专心在一件事情上，注意力分散。（　）

9. 智力：你认为自己不够聪明，导致记忆力不够好。（　）

10. 方法：你只会死记硬背，不知道有帮助记忆的方法。（　）

11. 想象力：使用记忆法需要想象力，你觉得想象很贫乏。（　）

12. 环境污染：烟雾、废气、有毒重金属、核辐射、噪声导致的污染使大脑迟钝，记忆力下降。（　）

13. 运动：平时很少参加运动，大脑昏昏沉沉导致记不住。（　）

14. 电磁污染：经常使用电脑、手机等电子产品，电磁辐射影响记忆力。（　）

15. 睡眠：经常熬夜或者失眠，导致很难专注记忆。（　）

16. 习惯：有一些不好的记忆习惯，比如不及时复习。（　）

尽管有这么多的因素会对你的记忆力产生影响，但是完全没有必要担心。这些阻碍也让我们认清该如何去努力，指明了我们改善记忆的方向，让你也能够成为记忆高手。在本书中，我分享了从注意力、想象力、记忆法、睡眠、饮食、运动等各个方面提升记忆力的技巧，另外也推荐《哈佛医生帮你增强记忆力》《大脑勇士》等书籍，作为你的延伸阅读书目。

第五节
这些记忆的好习惯你有吗

我们已经知道什么阻碍了我们的记忆,再来看看哪些好的习惯会促进记忆吧。我们的大脑有自己的"脾气",如果顺着它的"脾气",学习起来就会事半功倍。另外,记忆心理学的研究表明,过度学习、交叉学习等可以使记忆效果更好,我们只要拥有了这些好习惯,记忆起来就会轻松很多。

以下有18道题目,来测测你的记忆习惯如何,请把和你情况相符的打上√号,和你情况不符的打上×号。通过这个测试,你会学到很多提高记忆效率的方法,它们都是一些简单易行的小技巧。

1. 我常常怀着一种好奇心,或非常感兴趣地去记所要记的东西。( )

2. 我常常将一些相似的或者有关联的知识放在一起去比较进行记忆。( )

3. 我会将不同性质的内容交叉着来学习,比如数学和文科的内容交叉学习。( )

4. 我能从众多的信息中，把真正对自己有用的东西快速、准确地挑选出来。（ ）

5. 我对记住的东西，会尽早地使它在大脑中有重现的机会，而且养成重现的习惯。（ ）

6. 我对所要记的东西，会整理成简短的文字，或者是编成一些口诀来加强记忆。（ ）

7. 我在记忆各类知识之前，都会仔细地观察和分析记忆对象，寻找记忆的方法。（ ）

8. 我能从很多的记忆对象中找出它们的规律性、共同性、特殊性。（ ）

9. 我常常借助于听、写、朗读或亲身实践来增强对大脑的刺激，以加深记忆印象。（ ）

10. 对一些无意义的东西，比如英文字母、数字等，我会把它变成有意义的东西去加以记忆。（ ）

11. 要背诵时，我常常在诵读几遍之后才开始试着背诵，然后再打开书诵读几遍，再进行试背，也就是让诵读和尝试背诵交错进行。（ ）

12. 学习时，我偏重于理解，不大重视记忆，以致有些重要的定义、结论，我能理解却记不熟。（ ）

13. 做问答题时，我常常先列出大纲或要点，同时还对列出的要点进行增删、调整，然后才下笔去写。（ ）

14. 学习比较抽象的材料时，我总是努力联系实际，或举出一些具体的例子去说明它。（ ）

15. 读书时用笔先做记号是一件很困难的事，因为我往往分不清哪些地方该标记，哪些地方不该标记。（ ）

16. 我能够把详细的教材写成提纲，在考试时我又能根据提纲进行发挥，写出详细的内容。（ ）

17．我喜欢把学到的知识用来解决或解释生活中或课外活动中碰到的问题。（　）

18．我会把要记忆的信息录音，并且利用课余时间反复听。（　）

评分标准：这18道测试题里，12、15打×得1分，其他打√可以得1分。如果你的得分在13分以上，表明你的记忆习惯非常不错；如果你的得分在8分以下，还得继续努力喽！

关于这些习惯，我挑选一些来解析一下：

第1条是讲兴趣是记忆的前提，我们在记忆前可以给自己一些记忆的理由，或者通过与同学开展记忆比赛的形式，让自己对要记的东西兴趣盎然。

第2条涉及的是比较记忆，相似的或者相关联的在一起，区分其异同点，可以更好地辅助记忆。

第3条是交叉学习，特别是文理科，使用的是大脑的不同脑区，学一个小时文科再来一个小时理科，可以换换脑子，提升学习效率。

第4条讲的是要学会精选记忆，结合老师讲的重难点和考点，记住关键信息，而不是胡子眉毛一把抓。

第5条符合"艾宾浩斯遗忘曲线"的"及时复习"的原理。

第6条、第8条、第9条、第10条分别是口诀记忆法、规律记忆法、多感官记忆法和形象记忆法。

第13条、第16条是提纲记忆法，第14条、第17条则是联系实际记忆法，学以致用才能够更加强化记忆。

第18条是借助录音工具辅助记忆的技巧。

如果你能够按照这些技巧去做，你的记忆效果会更好哦！快点试试吧！

下一章，我们先一起探秘神奇的大脑，看看如何开启大脑的智慧吧！

第二章 · 为你的大脑装上新系统

我们的大脑比我们可以想象的任何计算机都要复杂得多,在《大脑与思维》杂志发表的文章称,尽管最大的电脑的记忆容量是 1 000 000 000 000 个字节(10^{12} 个字节),人脑记忆容量的字节数则大约为 10^{80} 个。人的大脑里有万亿个脑细胞,其中一千亿个具有记忆存储功能,而这些记忆细胞约等于千亿个 40 G 的电脑硬盘。一个 40 G 电脑硬盘的存储空间用文字来算的话:每分钟输入 200 字,连续输入 365 天,每天 24 小时,每小时 60 分钟,需要输入 500 年。

大脑是一座如此富有的宝藏,然而这些潜能到底藏在哪里呢?我们怎样挖掘自己大脑的潜能,才能够变身"最强大脑"呢?秘密就在我们被忽略的右脑里!

难道大脑还分左右?它们各自拥有怎样的特长?如何才能够将右脑的潜能发挥出来?接下来,我将带你进入神奇的大脑世界,并且帮你安上一套最新的大脑操作系统——i-Brain!如果你再运行一些"智能记忆软件",你的大脑就会像智能手机一样酷,不仅可以让你成为"最强大脑",还可以让你成为像爱迪生和爱因斯坦那样的"创造天才"!

现在,就让我们一起探索大脑的奥秘吧!

第一节
左脑和右脑是不是双胞胎

日本右脑开发专家医学博士品川嘉曾说过:"如果将人的左右脑比作为人,那么,左脑就是那种循规蹈矩、缺乏情趣类型的人;而右脑则是洋溢着创作欲望、充满活力类型的人。"

左脑和右脑不仅不是双胞胎,而且简直是性格迥异啊,他们的分工非常明确,当然也会彼此合作。就像太极一样,阴中有阳,阳中有阴,左右脑要共同合作,才会发挥出大脑最大的价值。最先提出"左右脑分工理论"的是诺贝尔医学生理学奖获得者罗杰·斯佩里教授,他的发现掀起了一股"右脑开发"的风潮,他也被世人称之为"右脑先生"。

他提出,左半脑主要负责逻辑推理、语言学习、分析判断、列表比较、数学计算等,思维方式具有连续性、延续性和分析性,因此左脑可以称作"意识脑""学术脑""语言脑";左脑用语言来处理信息,把看到、听到、触到、嗅到及品尝到的信息转换成语言来传达,相当费时。

右脑主要负责空间形象记忆、情感、美术、音乐节奏、想象、灵感、顿悟等，思维方式具有无序性、跳跃性、直觉性等。斯佩里教授认为右脑具有图像化机能，如策划力、创造力、想象力；与宇宙共振共鸣机能，如第六感、透视力、直觉力、灵感、梦境等；超高速自动演算机能，如心算、数学；超高速阅读，海量信息迅速记忆，具有过目不忘的本领。

法国著名生物学家拉马克指出：人的任何器官，使用的次数多了，这个器官或者组织就会进化；如果不使用或者很少使用，那么它就会退化。在人类祖先时代和幼儿时期，右脑是我们的优势脑，因为那个时候我们还不会语言、不会逻辑、不会数学，但进入传统学校学习之后，我们大量使用的左脑得到了进化，而右脑被冷落。在现实生活中80%的人都是左脑比较发达的，循规蹈矩，重视逻辑，缺少一些灵感和创意，缺乏一种随性与自由。科学家们指出，终其一生，大多数人只运用了大脑能力的3%~4%，其余的97%都蕴藏在右脑的潜意识之中，这是一个多么令人吃惊和遗憾的事实！

全脑开发刻不容缓，对于学生的学习和成长帮助更大。国务院原副总理李岚清在《李岚清访谈录》里说："我们的教育要重视人脑的全面开发，在训练逻辑思维的同时，也要训练形象思维，使大脑的潜能得到充分利用。人脑的全面开发，特别右脑开发，就是形象思维的开发、创新思维的开发和长期记忆的开发，我觉得很值得我们研究，因为长期记忆可以提高我们的学习效率。"

记忆法，我在本书中称它是"全脑记忆法"，因为我们对记忆材料的分析、理解、精简、找规律、编故事主要是左脑负责的，而联想、想象、创造、情感等部分则由右脑负责，两者彼此协作才能记忆持久，片面强调"右脑记忆法"，并不是太客观。

第二节
开启右脑最佳状态的三种法宝

我们每一天都在使用右脑,右脑并不是一头沉睡的狮子,而是时刻伺机而动,但我们却还没有准备好去驾驭它。比如灵感就是由右脑掌控的,它突然而来,却稍纵即逝。很多时候它就像我们追逐着想抓却抓不住的蝴蝶,而它却又常常在不经意间停在了我们的肩头。我们应该如何开启右脑的最佳状态呢?

我们来回顾一些名人与灵感的故事,阿基米德是在洗澡时发现浮力定律的,爱因斯坦是在病床上做白日梦想到相对论的,凯库勒是在半眠半梦状态中想出苯环的结构的……他们都不是在实验室里埋头苦思出这些理论的,而是在"白日梦""半眠半梦",或是很放松的"洗澡"状态下灵光闪现,而这些状态就是我们所说的右脑状态,但凡是有创造力的人,大多数是右脑发达的人。

要想尽快让自己掌控右脑,要先了解它的脾气和喜好。情绪良好、大脑放松的时候,是右脑最活跃的时候。所以保持一种乐观的心态,学会放松,减轻压力,保证正常睡眠,多吃健脑美食,多接近大自然,尝试着学一些新的技术和知识,适当参加体育运动,多玩一些益智游戏等，都是右脑喜欢的。

听一段来自自然的轻音乐，画一张随心所欲的想象画，编一个充满趣味的故事，做一个从来没做过的手工，模仿某个演员进行一场表演，躺在床上做一场属于自己的白日梦，假装左撇子用左手来吃饭、刷牙、写字等，不带地图凭直觉找到目的地，这些简单的训练都会让你找到忘我的感觉，进入到一种充满成就感和幸福感的状态。

据科学研究发现，右脑的状态从脑波的角度而言是 α（阿尔法）脑波状态，当大脑处于 α 波时，有身心无比愉悦的体验，富有幽默感和幸福感，还可以帮助清除心理不正常、失眠、焦虑以及严重的紧张、压力与烦恼。在这种状态下学习效率是其他脑波状态下的数倍，人的记忆力和创造力也达到最好的状态，能够激发各种深层的潜能。

那么我们如何最快速进入最佳的脑波状态，让学习变得更加高效呢？我在这里推荐三种常用的方法。

1. 听 α 波音乐

苏联科学家们发现，17 世纪或 18 世纪的作曲家们创作的某些音乐，对大脑和记忆有很强的影响，这些音乐都是根据古代音乐流传下来的特殊格式来创作的。巴洛克协奏曲每分钟 55～65 拍的行板音乐，通常用弦乐器、小提琴、曼陀林、吉他、拨弦古钢琴来创作，这种缓慢、舒适而宁静的音乐，其声音自然、高频、和谐，我们把这种音乐称为 α 波音乐，它会让放松的脑波上升 6%，使大脑清醒且放松，注意力集中，情绪稳定愉悦，记忆力提高，这正是取得优异成绩的最佳状态。

我读高中时很迷恋班德瑞，那些大自然的空灵之音让人如入世外桃源。我常常会在写作业或者背书的时候听，还将自己编的记忆口诀录音，以班德瑞的音乐为背景音乐，记忆效果比以前好了许多。

保加利亚哲学博士、精神病学专家乔治·罗扎诺夫，于 1966 年成立了罗扎诺夫学院，作为研究"超级学习法"的中心。他主张利用节奏舒缓的音乐来刺激大脑，使音乐节奏、生理节奏（如呼吸、心跳等）与知识输入大脑的节奏协调起来，达到高效学习的目的，这种"超级学习法"在西方各国已得到广泛应用。快速学习专家希拉·奥斯特兰德在《超级学习法》一书中介绍，在艾奥瓦大学的测试发现，只用缓慢的巴洛克音乐，无须任何方法，就能使学习速度提高24%，使记忆力增长26%。在公众号"袁文魁"（ID：yuanwenkui1985）回复"脑波音乐"，可以获得我推荐的系列音乐。

听 α 波的音乐来辅助学习有三个注意事项：

①下载优质的音乐，使用较好的播放设备，失真的效果会影响注意力。

②如果条件允许，不要用耳塞听，要用音响。让你的全身都沉浸在音乐之中，这样可以更好地集中注意力。

③如果是在学习时作为背景音乐，播放的声音能隐隐约约听到即可。

2. 练习腹式呼吸

听音乐需要有手机等设备，而呼吸则不用，只要有鼻子有嘴巴就可以。虽然每天我们都在呼吸，但是基本上都是胸式呼吸，呼吸浅而快，每次吸入的空气比较少。胸式呼吸只使用到肺的 1/3，另外 2/3 的肺都沉积着旧空气。而腹式呼吸则不一样，可以充分利用整个肺部，为大脑提供更多的氧气。腹式呼吸可以使腹部上下鼓动，各个内脏受刺激后会发送信号给大脑，大脑进而进入到放松的 α 波状态。我们平时可以经常抽空来做一下腹式呼吸，让我们有一个健康的身体和大脑。

腹式呼吸的方法有很多，训练时可舒适地坐在椅子上，挺直后背，坐在沙发上或躺在床上也可以。尽量让身体放松，轻轻地闭上双眼，深呼吸三次，用鼻子慢慢地吸气，让腹部凸起，双肺扩张。深吸气后屏息一会儿，使自己感到气已吸足。尽量放慢速度用嘴呼气，呼气同时抬起下颏，放松面部肌肉，深深体会精神和身体松弛舒适的感觉。

然后用下述方法按次序进行练习：吸气数四下；屏气数四下；呼气数四下。吸气：1—2—3—4；屏气：1—2—3—4；呼气：1—2—3—4。重复这样的练习，直到自己慢慢放松。

需要注意的是，身体差的人，可以不屏息，但要确保气吸足。每天练习1~2次，坐式、卧式皆可，练到身体微微发热、微微出汗即可。刚开始时可能会有点生理反应，不需要惊慌，慢慢地增加训练的量，刚开始可以做10组，逐渐增加。

3. 全身放松训练

身体的放松有助于我们更好地学习，然而我们经常听别人说"放松"，但很少有人告诉我们该如何去放松。这里，我参照了美国生理学家杰布逊博士的身体松弛法，其练习要点是：让身体的各个部位用力，使其紧张，然后边呼吸边消除各部位的紧张感，消除紧张的部位便有松弛的感觉。

训练方法如下：

首先向上伸举两手，伸展全身，全身用力，尽量挺直后背。边慢慢呼气，边放下双手，消除全身紧张。把以上的动作重复做一次。

摇头。把下颏靠近胸部，最大限度地向左侧旋转，然后向右侧旋转。再向左侧旋转，再向右侧旋转。

用轻松舒适的姿势闭上眼睛，进行深呼吸，反复三次。呼气时要感到把紧张和二氧化碳一同吐出去，使紧张离开你的身体。恢复正常呼吸，要尽量慢慢呼气，同时感觉身体松弛。

身体各部位用力。首先，脚尖和小腿的肌肉用力紧张，然后，边慢慢呼气边消除紧张,在感觉肌肉松弛的同时,请在心中默念"真舒服",让自己达到轻松良好的心理状态。

接下来做臀部练习,请使臀部肌肉紧张,然后边慢慢呼气,边放松臀部肌肉,消除紧张感,体会臀部肌肉松弛后心情舒畅的感觉。

使腰部和腹部肌肉紧张,边慢慢呼气,边消除紧张,体会心情舒畅的感觉。

两肩用力向后翘,使胸部、肩部以及后背肌肉紧张,请在心里默念"真舒服",体会肌肉松弛后的感觉。

紧握双拳,使腕部处于紧张状态,用足力气,然后边慢慢呼气边消除腕部的紧张感,两手自然下垂,放松。

使面部肌肉紧张,紧闭双眼,咬紧牙齿,闭上双唇,把嘴向左右两边用力扩张。然后,边轻轻呼气边消除面部肌肉紧张,使口、眼周围感到非常放松。

从脚尖到头顶连续紧张,脚尖用力,紧紧弯曲。然后,从脚尖向上用力,紧张感由小腿上升到大腿,提高到臀部肌肉,使下半身肌肉全部紧张。收缩腹部,再从胸部向上到后背部用力。紧握双手,两腕用力,抬起下颏,咬紧牙齿,闭紧双眼,使全身全部紧张。

突然松懈,伴随着慢慢呼气,边呼气边消除全身紧张感,体会松弛后的愉快感受。请你从头到脚检查自己的身体,把没有放松的部位再次进行紧张和放松的过程。充分感受这种扩展到全身的轻松、舒适,请把这种愉快的心情持续下去。

如果你已感到心情愉快,那么,便可发挥潜在功能了。现在,闭上眼睛,双手紧握后再放松,反复数次,清晰地感受手的抓握动作和松弛的过程,然后伸开双手,睁开眼睛。心情舒畅了,身体充满精力了。

关注公众号"袁文魁"(ID: yuanwenkui1985),在下方对话框回复"全身放松训练",即可获得引导的音频,跟着向慧老师一起来放松。

第三节
为大脑植入超强自信"芯片"

中南大学学生万家成参加世界记忆大师集训营时,家人和同学都不看好他,但他对自己有绝对的信心。2017年参加世界记忆锦标赛中国赛时,他仅剩一次机会挑战记忆扑克牌,他通过冥想等方式调整内心状态,决定挑战只看一遍,平时他至少需要30多秒,但他奇迹般地只用了23秒,最终如愿成为"世界记忆大师"。2020年,他又在所有人都认为不可能的情况下,跨专业被哈佛大学心智、脑与教育专业录取,是记忆训练给了他莫大的信心,创造了别人眼中的奇迹。

当我们通过听音乐、呼吸以及放松训练进入最佳学习状态后,如果再加上一些提升记忆信心的训练,可以达到更加不可思议的效果。下面是记忆管理师们常用的几种方法。

1. 撕掉负面标签

每个人都拥有无限可能的大脑,却可能在成长的过程中,被家人、老师、朋友贴上"笨小孩""记性差""傻瓜"等标签,当我们慢慢地相信了这些,并成为潜意识的一部分时,就会将大脑的潜能"封印"住!

我们可以通过冥想来尝试将它解封,让我们重新来定义自己。你可以在公众号"袁文魁"(ID:yuanwenkui1985)回复"撕掉标签",获得相应的引导音频。熟悉之后,你也可以自己按照以下步骤来做。

在做了几次深呼吸之后,请你闭眼回想一下,你曾经被贴过哪些标签。请你浮现出被贴上标签的自己,比如身上写着"笨"字的自己。请你在脑海中闪现出你当时的场景,不带任何情绪,仿佛在看别人的电影一般。

现在,暂时将那些画面放在一旁,去看看那个内在的自己,看看他的眼睛、表情和整个身体,看看因为被贴上了这个标签,生活受到了哪些影响。当你看到他时,他是怎样的心情呢?

如果你看到他有些委屈和受伤,你可以走过去,抱抱他、安慰他,让他感受到你的爱。你可以对他说出以下的话:

亲爱的,

我知道你很恐惧,

我知道你很自卑,

过去我不接纳你、讨厌你,

我从现在开始接纳你,

我知道你是我的一部分,

我将永远陪伴你、爱你!

当他听到这些话之后,你可以去看看,他此时有怎样的变化。也许,他会开始变得更加自信,会给你一个微笑。

现在,请你轻轻撕下他身上的"笨"字,让你内在的这个小孩获得自由吧。你可以去感受一下,他此刻是怎样的心情,他此刻会做些什么。

你可以想象，他做了很多很聪明的事情，比如他比别人快三倍的速度记下了一篇课文，他创造性地解决了一个难题，他发明了一个非常实用的新产品。请你尽可能地想象，你期待做得最聪明的事情！

接下来，想象那个小孩变得很小，小到你可以把他捧在手心，然后放进你的心里面，和心里面一团金色的光芒融为一体，它将变成一股自信的能量，帮助你释放你的大脑与心灵的潜能。请深呼吸一口气，将这种美好的感觉留在心里。

如果以后在生活中，你再次觉察到这个标签，或者还有其他标签，你可以随时去做这个练习。这些标签、信念并不等于你，它们并不符合你的本质，当你能够觉察到它们时，你自然就可以选择放下，并从中收回属于自己的力量。

2. 积极自我暗示

在深呼吸并让心静下来之后，我们可以将自己的愿望和目标有意识地传输给大脑，因为在这种状态之下，大脑没有判断正误的能力，只要是你输入的，它都会相信，并且在大脑中留下深刻的印象。

在我们要记忆任何东西之前，我们可以在脑海中默默告诉自己：

我的记忆力正变得越来越好！

我可以快速进入最佳记忆状态。

我能够记住想要记住的信息。

我记得又快、又准、又牢。

我善于运用各种记忆方法。

我能灵活运用各种记忆策略。

另外，在考试之前，念诵这样的话会改善考试效果：

我能够轻松提取我的所有记忆。

我已经清晰记住了所有知识。

我对于考试信心十足！

考试对我而言是小意思。

考试考的都是我记住的东西。

你也可以在身体健康、人际关系等方面给自己积极的暗示，也可以最简单地反复暗示一句神奇的话："每一天我都越来越好，各方面都越来越好！"

关于自我暗示，《冥想：创造你梦想的生活》这本书里提出了几点建议：

（1）始终要用现在时态而不是将来时态进行暗示。如，我们应该说"我现在就拥有超强的记忆力"，而不说"我将来会拥有超强的记忆力"，这并非自欺欺人，而是因为大脑的特性和创造的规律。每件事物都是首先被人想到，然后才能够实现，那些伟大的发明不都是如此吗？

（2）要在最积极的方式中进行，肯定我们所需要的，而不是不需要的。不能说"我不再丢三落四了"，而是要说"我可以记得任何东西放在哪里"。

（3）一般来说，语句越简短、越清晰，就越有效。

（4）始终选择那些对自己感到完全合适的肯定。对一个人有效的肯定，对另一个人也许压根无效。我在准备世界记忆锦标赛时，我的自我暗示是："我是世界记忆大师！"因为我通过训练，足够相信我可以做到。有位初学者暗示自己："我打破了十项世界记忆纪录"，可能他自己的潜意识都不会相信，最终他练了几年也没有成功。

（5）在进行肯定时，尽可能努力创造出一种相信的感觉，一种它们已经真实存在的感觉，这样将使肯定更加有效。

3. 改变负面记忆

如果你对自己的记忆很没有信心，一定是过去在记忆方面有太多负面记忆，比如上台背书被老师批评，被同学嘲笑，或者是家人老是批评你记忆力太糟糕，这些都会深深地铭记在你的脑海里，给你造成不良的影响。试想一下，每次我们记忆东西时，都想到这些画面和声音，我们还记得住吗？当然很难！久而久之，我们也相信自己的记忆力很糟糕。所以，我们需要改变这些负面记忆，而要改变，必须从我们脑海中的画面开始。

我们可以自己先看一遍下面的内容，然后闭上眼睛，凭记忆去做，无须担心忘掉某些内容，因为这个技巧无须完全按顺序去做。如果感觉效果不够好，可以重复再做一次。遇到有哪一个步骤自己感觉不太舒服，便取消它，继续之后的步骤。

（1）回想当时的情景，想象把所见的情景移至电视机的屏幕上。

（2）想象电视机是放在一个架子上，架子腿有轮子。把架子往左或往右推，注意哪一个方向上的哪一点使自己感到更舒服。

（3）定了左右方向和推向之后，寻找上、中、下三个位置之中自己感到最舒服的一个，把电视机放在那个位置。

（4）把电视机屏幕中的景象，由动态逐渐调慢速度。运动速度逐渐降低，直到完全静止。

（5）把屏幕的颜色由鲜艳调柔和，然后颜色越来越淡，所有的颜色都消失了，屏幕上只剩下黑、白两色。

（6）在屏幕上加上雪花、跳动等效果，让屏幕中的画面变得模糊。

（7）缩小电视机的屏幕，直到缩为4寸或更小。

（8）把电视机推远，你可以想象它坠海或升空，最终消失。

以上的内容，回想该事时，有则做，没有的可以不理，比如画面本来就是黑白的，就可以不用第五个步骤。针对每一点的改变，都应注意一下内心情绪感受有否改善。以在讲台上背书被嘲笑这个情景为例，我们运用上述的方法可以让记忆画面想不起来，并且情绪上不会有任何感觉，这就是记忆被删除的表现。

当然，你还可以植入新的记忆，想象自己非常流利地背出了课文，老师拍着你的肩膀说："你的记忆力可真棒"，同学都一起来为你鼓掌，你脸上洋溢着开心和幸福的笑容，多想象几次，这样的画面便会如真实的记忆一般。我们在想象这个画面时，还可以做一个特定的动作，比如右手用力握着左手的手腕，每次做这个动作就想到这个画面，形成条件反射。以后每次在你要记忆东西时，做出动作，回想画面，就会给你很大的信心。

除此之外，我还推荐你试试《清理记忆：内视觉技巧助你遗忘负面记忆》《记忆工程：记忆编程来修复伤痛的记忆》《内在金字塔：清理记忆内存，活出绽放自我》《释怀冥想：放过了别人也是放过了自己》等冥想音频。在公众号"袁文魁"（ID：yuanwenkui1985）回复"重塑记忆"，可收听部分冥想音频，让自己能够更好地活在当下，创造美好未来。

第三章 · 给记忆力安上系统软件

吴天明导演的电影《百鸟朝凤》里,游天鸣拜焦老师为师学习唢呐。师傅让天鸣每天在河里用芦苇秆吸水,几个月都没有见过唢呐。天鸣沉住气,坚持不懈地练习,终于能够吸上来水。最终,他通过练习掌握了精湛的技术,成为焦老师唯一的衣钵传人。

在电影《功夫梦》里,成龙教Parker功夫时,让他反复练习一个看似与功夫无关的动作——脱衣服、扔在地上、捡起来、扔在架子上、穿起来,又脱掉衣服、又扔在地上。如此反反复复,却不告诉他为什么,也不教它一点儿功夫。Parker练了几十次就觉得很无聊,心生怨气地要离开师傅:"这真的很白痴,我不玩了。你知道你为什么只有一个学生了吧,因为你不懂功夫。"成龙给他演示了这个小动作里的奥秘,并告诉他:"功夫就在我们的生活之中,就在我们脱外套和穿外套之中。所有的一切都是功夫。"Parker静下心来刻苦练习,终于打败了欺负他的坏孩子,并夺得了武术比赛的冠军。

对于习武而言,扎马步、蹲弓步甚至挑水、砍柴等都是基本功,慢慢修炼到极致,自然能够练出上乘的武功。记忆法也是如此,一些看似与记忆无关的训练却是至关重要的基本功。

训练记忆力的基本功是什么呢?

它们就是注意力、观察力、想象力、联想力、形象转化力,通过多维脑力的训练,我们才能更好地精通记忆法。它们也是我们大脑新系统里装机必备的"系统软件",我将帮大家装上这些软件,希望你能够多运用它们,让它们成为你记忆提升的有力武器!

第一节
注意力训练

英国生理学家、"试管婴儿之父"爱德华兹认为:"锻炼记忆力的良好方法是锻炼自己的注意力。"那些世界顶尖的记忆选手,无一不是注意力集中的高手,世界记忆冠军王峰在挑战快速扑克项目时,各大电视台的摄像机都对着他,他却可以心无旁骛地发挥出正常水平,就是高度集中注意力的结果。

麻省理工学院的专家研究表明:对于一些特定的物品、事件或者人类个体,并不需要全神贯注地观察,大脑中也有记忆形成。一般而言,当人类倾向于对某事物更加专注、更持久地注意时,记忆就会产生。我们平时的学习过程中,要达到高度集中的注意力,一般可以从以下几个方面着手。

(1)**选择环境**。一般在学习时选择安静的环境,室内采光要适度,不能太明亮或过于阴暗,室内的墙壁选择蓝色、绿色等冷色系,适当选择一些柔和的轻音乐。

(2)**排除分心**。桌子收拾干净,不摆放零食或者课外读物等分心的东西。墙壁不要贴一些与学习无关的东西,比如偶像明星的照片等。同时提醒父母或朋友不要在学习时突然打扰或者发出大的响声。

（3）**精力充沛**。连续的脑力劳动，会令人感到疲劳，在学习的间隙可以吃个水果，适当补充一些水分和糖分。另外也可以深呼吸、睡觉以及做一些运动，让自己的大脑重新恢复活力，采用"头悬梁，锥刺股"的方式得不偿失。

另外，我们也可以将最重要的记忆任务安排在精力最好的时间，比如早起之后、早上8~10点、下午3~5点以及晚上8~10点。当然，每个人的最佳时间不一样，可以根据自己的情况来灵活安排。

同时也要注意，我们在饭后不要去记忆，此时大脑供氧不足；剧烈活动或情绪过于激动后，也不要马上去学习，大脑会产生排斥。

（4）**目标明确**。知道自己的目标，就会将无关的东西暂时放下，活在当下，去把眼前的事情做好。

（5）**先易后难**。人们对于自己很难理解的书籍，大脑自然会出现神游状态，所以学习时的注意力也与自己的知识水平有关，我们可以从简单的开始。

（6）**增加学习兴趣**。兴趣是最好的老师，我们可以通过自我激励的方式来提高兴趣。我在准备世界记忆锦标赛时，每天有大量的时间训练记忆数字、扑克，我会规定自己，当达到某个标准时，就奖励自己黑星星，如果离标准太远，就奖励自己白星星，当天黑星星有10颗，就可以看三分之一部电影，而1颗白星星要做5个俯卧撑，这样就让训练变得更加有趣了。

训练注意力可以通过以下几种方式：

1. 一点凝视训练

一点凝视训练是快速阅读中注意力训练的重要一项，我将其借用到快速记忆训练之中，通过训练可以使我们的注意力更长时间地集

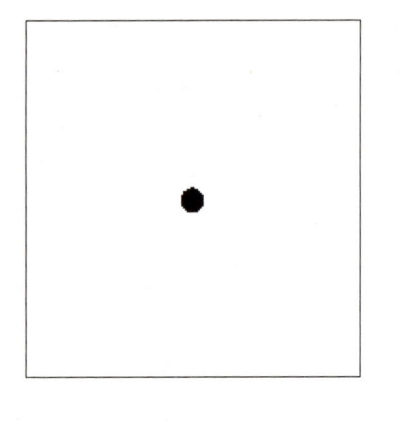

中于一个目标，避免出现走神等现象。

在一张白纸上画一个圆点，坐端正之后，将白纸拿起放在眼前20厘米左右，用眼睛盯着圆点，在训练时自我暗示圆点慢慢变大，当练习到眼睛可以很长时间不眨地凝视它时，可以换一些更小一点的圆点继续来训练。

另外，你也可以拿着一支铅笔放在眼前20厘米左右来训练，盯着笔尖使它保持不出现重影的现象，看看能够坚持多长时间，每次训练时记录一下时间。

2. 舒尔特表训练

4	10	12	15	8
13	24	5	20	19
16	9	17	1	7
3	6	25	14	11
21	2	18	22	23

舒尔特表在速读训练里可以用来拓展眼睛的视野幅度，加快眼睛的反应速度，提高对有用信息的定向搜索能力，同时也需要注意力高度集中，所以也是注意力训练的一种有效工具。

你可以在手机应用商店里下载"舒尔特表格"App，从3×3到9×9各种难度的都有，下面我以最常见的5×5的为例作为说明。

（1）眼睛距表10～20厘米，视线焦点放在表的中心，余光顾及全表；

（2）在所有数字全部清晰入目的前提下，按从 1 至 25 的顺序找全所有数字，注意不要顾此失彼，因找一个数字而对其他数字视而不见；

（3）每看完一个表，眼睛稍作休息，可以闭目或做眼保健操，不要过分疲劳；

（4）一般来说，如果能够在 25 秒内看完就比较优秀，在 15 秒内就特别优秀，每天可以训练 10 ~ 20 个表。

3. 圈数字训练法

圈数字训练看起来非常简单，但却非常考验注意力，稍不留神就会出错。下面有 3 个训练，难度逐渐增加，平时多训练，会让注意力和反应速度显著提高，还可以提升快速搜索信息的能力。

（1）用铅笔以最快的速度把下列数字中的"7"圈出来。

（2）用黑色笔以最快的速度把"2"左边第三个数字圈出来。

（3）用蓝色笔以最快的速度把"5"右边第二个位置中的偶数圈出来。

6598723154789328713262389402364789652348357951 68
2121548975756215678875775221651321164125774568 24
8545698775454578469916330156709804617678921401 15
2521132449741784865228413841045471476842853565 98
5641015671542310456465641546897710100789713554 45

4. 正念冥想训练法

科学家曾做过一个实验，被测对象每天平均练习冥想 30 ~ 40 分钟，核磁共振检查结果表明，正念冥想能减缓或防止大脑皮质结构的萎缩，它能使海马体变大，从而增强人的学习能力和注意力。

正念是一门专注于当下的艺术,是东方智慧与西方科学结合的典范,在牛津、哈佛等名校及世界名企备受推崇。我也曾跟随卡巴金博士和温宗堃老师修习过正念冥想,并将它作为我大脑课程中的一部分。

我推荐四个针对专注力的冥想,你可以在公众号"袁文魁"(ID:yuanwenkui1985)回复"专注力冥想",就可以跟着向慧老师的引导来练习。

第一个是"橘子集中",改编自《高倍速阅读法》这本书,在学习之前,想象后脑勺有一个橘子,可以使大脑精神高度集中。只需要几十秒甚至十多秒,我们就能够专注投入学习之中。

第二个是"倒计时屏",通过在脑海中想象一个倒计时屏幕,从数字30开始倒数到1,可以很好地训练专注力。如果倒数时出错了,就需要重新开始。如果你觉得从30倒数太简单了,可以增加到100哦。

第三个是"留白之境",日常生活中,我们总把自己填得太满,休假了也会用手机、书籍、各种想法将自己填满,这个冥想能让我们静下心来,让各种想法暂时停歇,去发现想法与想法之间的留白之境。

第四个是"正念聆听",就是不带评判地、专注地、用心地聆听,聆听平时可能忽略的声音,这样聆听才能听得进、记得住、忆得出,这个冥想有助于提升在听课、开会、谈话时的听觉专注力和记忆力。

第二节
观察力训练

《最强大脑》第三季"全球脑王"得主是我的学生陈智强，他在15岁就获得"国际记忆大师"和少年组中国记忆总冠军等荣誉，更是在《最强大脑》多个挑战项目中表现出超强的观察力。在"冰雪奇缘"项目中，他说他的获胜秘诀是："我是通过观察细微纹路，同时推理大概的变化程度来完成挑战的。"而要完成"一沙一世界"的终极挑战，必须认真观察88幅沙画的每一个细节，再运用超强的记忆力记住，他只观察了1厘米×1厘米的局部图像，就成功找出了来自哪幅作品，最终如愿将脑王奖杯留在了中国！

人们认识事物都是由观察开始的，如果一个人的观察力低，那么他的记忆对象往往模糊而不确切、不突出，回忆过去感知过的事物时就常常模棱两可，记忆效果差，还会影响到智力的发展。

如果一个人生活在单调枯燥的环境中，观察机会少，就会使脑细胞处于抑制状态，大脑皮层发育较缓慢，智力显得相对落后。相反，如果一个人经常生活在丰富多彩、充满刺激的环境中，坚持经常去观察各种事物和现象,大脑皮层接受丰富刺激,经常处于兴奋活动状态,其大脑的发育就相对较好,智力也较发达。

观察力训练可以通过"找不同"和"连连看"等游戏进行训练,另外还可以通过以下几种方法来进行训练。

1. 照相记忆训练

(1)物体照相记忆训练:

在家里找一样东西,比如手表、铅笔、桌子、台灯、杯子,距离约60厘米,平视前方,自然眨眼,默数60~90下,在默数的同时专心致志地仔细观察。

时间到了之后,请闭上眼睛,在脑海中勾勒出该物体的形象,应尽可能地加以详细描述,最好用文字将其特征描述出来,以手表为例,可以回答自己一些问题:它是什么颜色?它是几点钟?表上有什么图案?它是什么材质?这些问题的答案就是你观察的结果。描述完毕之后,我们再来对照一下,如果有错,我们可以再观察一遍,再描述一遍,直到将细节都在脑海中成像。

（2）名画照相记忆训练

在物体照相记忆训练练习到觉得很简单之后，我们可以选用一些名画作为训练素材，刚开始尝试时，可以挑选画面内容相对单一的人物或者静物。以左边这幅达·芬奇的《蒙娜丽莎的微笑》为例，我们观察时可以先整体浏览，这是一个中年女人的半身像，背景是田园风光。再局部观察细节，她的五官是怎样的，发型是怎样的，衣服的颜色和款式是怎样的，手势又是怎样的，田园风光里又有些什么，在蒙娜丽莎的哪个方位。通过我们内心的自问自答，我们一步步在观察的基础上将细节记忆下来，并且可以闭上眼睛来回忆，想不起来的部分再看，然后再次回忆，反复几次即可达到最好的效果。

2. 人眼摄像机训练

我们可以看 15～60 秒的动画或电影片段，观看完两遍之后就尝试回忆。初次回忆时，可以听着声音，回忆画面是什么。然后再看一遍，尝试回忆画面和声音，再多看两三遍，直到所有内容差不多都能回忆出来。

另外，也可以以中等速度穿过房间、教室、公园等，或者绕着它们走一圈，迅速留意尽可能多的物体，观察眼前发生了哪些事。回想，把你所看到的尽可能详细地说出来，最好写出来，然后对照补充。

3. 特定主题摄影训练

给自己某个特定的任务，比如去拍摄爱心形状的东西，你的眼睛会专注于搜索这个形状，你会发现有很多你忽略的爱心都会出现。你还可以给自己一些特别的任务，以下就是一些训练题，每个题目拍摄至少十张吧。

（1）成双成对的东西；
（2）对称的东西；
（3）带有螺旋的东西；
（4）五颜六色的东西；
（5）小拇指一样大小的东西；
（6）特定某种颜色的东西。

第三节
想象力训练

哲学家柏拉图说过："记忆好的秘诀就是根据我们想记住的各种资料来进行各种各样的想象。"《最强大脑》第一季中的7岁"心算神童"饶舜涵记住100多件玩具的价格,并且能够快速结算出30件的总价。他在接受媒体采访时称:"我主要是靠想象记忆,如看到14,想象成钥匙,它的大小、形状、颜色、动态也都有了,这样我的大脑中就成了一幅幅图像,自然记得很清楚。"不仅他是如此,世界记忆大师都是靠的想象力。

想象是人在已有形象的基础上,在头脑中创造出新形象的能力。比如当你说起汽车,我马上就想象出各种各样的汽车形象来。因此,想象一般是在掌握一定的知识的基础上完成的。

爱因斯坦曾说:"想象力比知识更重要。因为知识是有限的,而想象力概括世界上的一切,推动着进步,并且是知识进化的源泉。"爱因斯坦的相对论就是从想象开始的。在他年轻的时候,就曾根据自己掌握的知识,想象到如果有人追上了每秒30万公里的光速将会怎样?如果有人坐在自由下落的升降机中将会看到什么?这在当时曾被人们看作是毫无意义的想象，而爱因斯坦却紧紧追逐着自己的想象，他沉溺于自己的想象里研究了十几年，终于发现了相对论，推动了现代科学技术革命性的发展。

那我们如何训练想象力呢？可以看一些想象力丰富的艺术品或科幻片，可以听歌曲、读诗词、看小说、读故事来想象画面，可以经常做白日梦来预想人类的未来，还可以多和想象力丰富的孩子和艺术家们进行交流。

除此之外，我想分享六个通过冥想来训练想象力的方法，在公众号"袁文魁"（ID：yuanwenkui1985）回复"想象力冥想"，即可获得向慧老师录制的引导音频。经常训练，你的想象力和记忆力都会被进一步激活。

1. 视觉想象

视觉想象是指在脑海中清晰生动地想象任何形象。先想起你家中的某个房间，让自己在其中游逛。接下来，在现实中随意拿起一个小物品，观察它的颜色、形状、重量、质感、纹理，之后闭上眼睛，在心中再现出这个物体的形象。

然后，想象一件你目前没有但非常想要的东西，最好是某件你以前看过的东西。闭上双眼，想象你正握着这件东西，尽你所能在心中勾勒出它的完整面貌，并感受你已经获得它时的感觉。

视觉想象不仅是记忆法的基础，也是吸引力法则的基本功。经常训练，你想要的东西，将越来越容易被吸引到你的生命之中。我在2008年看完电影《秘密：吸引力法则》后，在比赛训练期间每天会做视觉想象，梦想的画面最终都成真了。我推荐希克斯夫妇的《吸引力法则：心想事成的秘密》作为你的补充读物，祝你能够运用想象创造梦想的生活。

2. 静物活化

这是世界记忆大师经常做的训练，将普通静态的形象，通过多种感官以及夸张、动感的想象，变成好玩有趣的动画，仿佛将它们赋予了生命一般。比如一把钥匙，可以在脑海中旋转 360 度看清楚不同的侧面，将其变成各种各样的颜色，还可以将它像金箍棒一样放大和缩小，甚至想象钥匙长着手和脚在跳舞。

3. 悟空冥想

孙悟空有七十二般变化，我们在想象的世界里，也可以客串一把"孙悟空"，去体验任意变身的乐趣。比如，可以变成奔跑的兔子、翱翔的老鹰、游泳的鱼儿、腾飞的巨龙、炫酷的跑车等。在想象的世界里，你无所不能，你可以做超级英雄拯救世界，可以上天入地欣赏美景，享受这种释放想象力的自由吧。

4. 物我合一

想象自己与某物合为一体，换一种视角来看世界，可以帮助我们激活想象力，融洽我们与世界的关系，还可以学会换位思考。《正念：专注内心思考的艺术》里的"山之冥想"，就是让自己进入山的身体，用山的视角来经历倾盆大雨、电闪雷鸣、黑夜降临、阳光普照等自然现象，去感悟作为山的超然、平和、淡定的心态，并将这些美好的品质留在自己心中。

5. 心灵居所

这个练习改编自书籍《冥想：创造你梦想的生活》，我们很难在现实世界中找到世外桃源，但我们可以在内心创造一个居所，它可以是任何你喜欢的地方，你可以按照想要的方式来创造它。

你可以经常在想象中去到那里，做任何你想做的事情。比如，晒太阳、看书、做瑜伽、发呆、听音乐、品茶、画画。这里会让你感觉非常放松，还会疗愈你的身心，给你能量上的滋养，你可以完完全全地做你自己。

庄晓娟老师绘制的这幅图，可以作为你冥想时的参考，你也可以自己找一些你心仪的风景或家居设计图，在冥想前看一看。

（文魁大脑导图战队导师　庄晓娟　绘）

6. 预演未来

绝大多数人都活在受限的信念里，因为眼界和想象力不足，拥有的梦想大多局限在有限的物质层面，最终在此生能够发挥的潜能也很有限。这个冥想参考了书籍《灵性的成长》和《未来预演：启动你的量子改变》，它将帮助你释放不适合的计划、抉择或信念，从未来的视野来帮助你创造更美好的生命计划。

在冥想中，你将观想一个你多年后的生活愿景。从你的人际关系开始，想象所有的亲友都带给你爱和喜悦。观想你希望从事的工作、经济状况、健康状况、休闲娱乐、生活状态与居家环境等。允许自己做白日梦，去看到什么样的生活是自己最喜欢且最能滋养自己的。

想象此时，你变成了生活在未来的那个你，请你从未来的视野，来体验理想生活的情景，以现在时来描述你的环境与感受。例如，对自己说："我现在拥有……"（记得要以未来的那个你的角度来发言）之后，你也可以问问未来的你，有什么是他要对你说的，你们可以进行一番对话，也许你会受到启发。

第四节
联想力训练

记忆的一个核心原则,就是"以熟记新",将我们需要记忆的信息与我们熟悉的进行联想,会达到更好的记忆效果。章子怡在《最强大脑》第一季挑战"宝贝进球了"时使用的记人名的方法,就是联想到自己熟悉的名字,比如"姚英镐"她联想到"姚晨"和"俞灏明",经提示"唱歌很好的那个人的第二个字",她又马上说出了"那英"的"英"字。

世间的万事万物都有着千丝万缕的联系,把在空间或时间上接近的事物,以及在性质上相似的事物和人们已有的知识经验联系起来,是增强记忆的好方法。从记忆的生理机能看,联想有助于记忆网络的形成,这样不但可以长期保持,也容易再现,所以联想为记忆插上了翅膀。古希腊人认为提高记忆力的基本原理就是:你要记住某件东西,就把它同你已知的或固定的东西联系在一起,并且要依靠你的想象力。他们还发现想要联想功夫了得,必须至少掌握以下六个独门秘籍。

(1)色彩。色彩越生动丰富,记忆效率就越高。比如在想象一只鹦鹉时,如果能够想到它色彩斑斓的羽毛,一定会记忆得更加深刻,如果你的脑海中的图像是黑白的，可以平时多看一些彩色的图像，多做一些观察和记忆训练。

（2）**立体**。就像看 3D 电影和 2D 电影一样，立体的东西比平面的更好记。

（3）**想象**。像《爱丽斯梦游仙境》一样，我们可以将要记的东西放大或者缩小，还可以设置一些荒诞离奇的情节，比如扫帚一般是用来扫地的，拿来炒菜就是比较荒诞的了，很容易就记住了。

（4）**动感**。动画片、电影比图片更好记，人更容易被动态的东西吸引。

（5）**感官**。包括视觉、听觉、触觉、味觉等，比如蜡烛，可以听到蜡烛燃烧时发出的"吱吱"的声音，可以闻到它的味道，并且摸一摸感受一下融化的蜡烫手的感觉，这样记忆就会更加深刻。

（6）**顺序**。注意在联想过程中哪个对哪个发生动作，以及故事发生的前后顺序。

联想有不同的类型和方式，我们一起来做几个与记忆训练有关的联想练习。

1. 连锁联想训练

连锁联想训练就是由甲联想到乙，由乙联想到丙，依此类推。先来做一个示范，以"柠檬"为起点来连锁联想，由它想到了"柠檬草"，然后由"柠檬草"想到了"酸"，接下来由"酸"想到了"醋"，就这样一直想下去，给自己限时 1 分钟时间，看看能够想到多少个，平时可以随机拿一些词语做这样的训练，随时随地可以进行。

训练的形式可以按照下图这样，也可以采取这样的方式：柠檬—柠檬草—酸—醋—糖醋鱼—汉江—打鱼船—渔夫……

柠檬草 — 酸 — 醋

渔夫 — 打鱼船 — 汉江 — 糖醋鱼

网 — 蜘蛛 — 丛林

…… — 蓝天 — 下雨

练习时间：

（1）成功

（2）核桃

（3）枕头

（4）钢琴

（5）摄影

2. 发散联想训练

由某样东西联想到与它相关的东西，注意它和连锁联想的区别，比如以"书"进行发散联想，我们可以联想到老师，接下来不是由"老师"联想到"粉笔"，而是仍然回到"书"去联想，把所有的答案都写在旁边。比如，由"书"可以想到笔、本子、课桌、电脑、纸等，也可以想到语文、历史、科学、管理等书籍类别，还可以想到智慧、文化、知识等抽象词语。

这样的练习也以 1 分钟为时限，看看能够想到多少个，平时可以自己写词语来做训练。

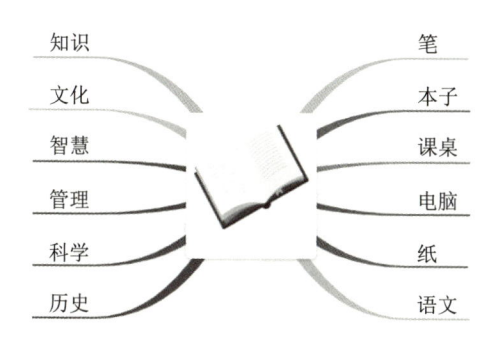

知识　　　　　　　　　　　笔
文化　　　　　　　　　　　本子
智慧　　　　　　　　　　　课桌
管理　　　　　　　　　　　电脑
科学　　　　　　　　　　　纸
历史　　　　　　　　　　　语文

练习时间：

（1）美丽：

（2）记忆：

（3）笔记本：

（4）手表：

（5）沙发：

3. 配对联想训练

配对联想，就是将两个信息转化为图像，并且通过联想来建立彼此的联系。常用的配对联想方法有四种：

第一种是主动出击法，就是一个物体主动对另一个物体发起动作，比如"扫帚"和"菜刀"，可以想象用菜刀将扫帚砍成了两半。

第二种是另显神通法，可以借用类似物体的特征，来对另一个物体发起动作。比如把"扫帚"当成苍蝇拍，拍到菜刀上面。

第三种是媒婆牵线法，又叫"中介法"，通过一个中间物体将两个图像建立联系。比如用菜刀砍了很多竹子做成扫帚，就是用竹子作为中介。

第四种是双剑合璧法，就是将两个物品组合在一起，变成一个新的东西。比如把菜刀做成折叠的，可以收进扫帚的柄里面。

接下来以下图为例，上下的图像为一组，比如第一组是草莓和耳机，我来将它们进行配对联想，之后，请你尝试将打乱的图像连线。

（阴亮　绘）

配对联想如下：

草莓和耳机，想象拉开耳机的耳罩，用力放开后夹住了草莓，草莓被夹出了红色的汁，这是用的"另显神通法"。

北极熊和帽子，想象北极熊抓的鱼都放进了帽子里，这是用的"媒婆牵线法"，用"鱼"作为中介。

葡萄和铅笔，想象用铅笔尖扎向葡萄，一扎，汁水四处飞溅，这是用的"主动出击法"。

大象和卫生纸，用"另显神通法"，将大象赋予人的特征，想象大象用鼻子卷起了卫生纸，正在擦自己的象牙。

书包和胡萝卜，想象兔子背着一书包的胡萝卜去上学，这里想到了"兔子"，属于"媒婆牵线法"。

手电筒和医生,想象医生拿着手电筒为病人检查牙齿。这个可以说是"主动出击法",也可以说是"媒婆牵线法"。

(阴亮 绘)

看完我的讲解,结合绘制的图片,请尝试在脑海中想象画面,然后再在下图中完成连线吧!

(阴亮 绘)

配对联想是非常重要的记忆法基本功，任何两个图像的配对联想，都没有标准答案。平时练习时，可以随机想到两个东西，然后尝试用这四种方式来配对联想，可以挑战至少想到三种联想的方式。你也可以邀请小伙伴一起来训练和交流，这样进步更快哦！

练习时间：

（1）火车—天空

（2）吉他—柳树

（3）铅笔—石头

（4）羽毛球—盘子

（5）手机—电脑

（6）猫—望远镜

（7）拖鞋—毛巾

（8）可乐—柜子

（9）玫瑰—书

（10）咖啡—天线

参考联想：

（1）火车—天空

配对联想：火车沿着通天的轨道驶向了蔚蓝的天空。

（2）吉他—柳树

配对联想：柳树的枝条轻拂在吉他上，发出了美妙的声音。

（3）铅笔—石头

配对联想：我用铅笔在石头上画出了漂亮的图画。

（4）羽毛球—盘子

配对联想：小朋友手拿着盘子来打羽毛球。

（5）手机—电脑

配对联想：我用数据线把手机连接到电脑上。

（6）猫—望远镜

配对联想：猫拿着望远镜看着远处的老鼠。

（7）拖鞋—毛巾

配对联想：拖鞋脏了，用毛巾将拖鞋擦干净。

（8）可乐—柜子

配对联想：可乐洒在了柜子里，将柜子里的东西打湿了。

（9）玫瑰—书

配对联想：我将玫瑰的花瓣撕下来夹在书里。

（10）咖啡—天线

配对联想：咖啡泼到了天线上，发出了"吱吱"的声音。

第五节
形象转化训练

记忆大师们能够将数字、单词、汉字、符号等各种信息在脑海转化成形象,并且运用全脑记忆的方法将其记住。《最强大脑》第三季里我的学生李俊成挑战记忆99对情侣的面孔和指纹,就需要将指纹通过观察特征转化成熟悉的形象来记忆,比如有的像山峰,有的像水波等。

形象思维是指以具体的形象或图像为思维内容的思维形态,是人的一种本能思维,人一出生就会无师自通地以形象思维方式考虑问题。形象转化训练就是运用一些技巧,将抽象信息转化成形象信息的训练。下面我们从学习中常见的数字和汉字入手,来进行形象转化的训练。

1. 数字的形象转化训练

数字由0~9随机排列组成,因为组合非常多,所以是非常抽象难记的。我们可以通过读音、形状和意义对其进行形象转化,比如1,我们可以由读音想到衣、腰,由形状想到油条、棍子，由意义想到金牌、第一排等，这些都是相对形象的。0~9我们可以借助小时候学的儿歌来进行联想：0像铁环滚着跑，1像铅笔能写字，2像鸭子水上飘，3像耳朵听声音，4像彩旗迎风飘，5像秤钩来买菜，6像豆芽咧嘴笑，7像镰刀割青草，8像麻花拧一道，9像勺子来舀水。

这首儿歌以形状为主，那10到99呢？相对而言形状少一些，但也有，比如11像一双筷子，22像一对鸳鸯或者双胞胎；较多的是通过声音，有的可以通过谐音的方式，比如25谐音为二胡；也可以通过它们发出的声音，比如火车发出了"呜呜"的声音，可以将55想成火车；还有一种是通过意，用得比较多的是节日，比如38妇女节，61儿童节；也可以用一些俗语和常识，比如猫传说有9条命，所以09编码为猫。当然你也可以用你熟悉的私人信息，比如你爸爸是69年出生的，就可以将69想成你爸爸，比如你的鞋码是36的，你可以将36想成是你的鞋子。

我们将数字00~99都编好了一套图像代码，一般是通过谐音的方式，如果通过形状或者意义等方式，则会在后面的括号里注明。有些解释较长的在表下面进行了注明。本书使用的是记忆魔法师2020年最新的编码，大图可以在公众号"袁文魁"回复"数字编码2020"获取。

记忆魔法师数字代码2020年文字版

01 灵药：灵芝	02 铃儿	03 三脚凳（形）	04 零食：瓜子
05 手套（形）	06 手枪（6发子弹）	07 锄头（形）	08 溜冰鞋（8个轮子）
09 猫（9条命）	10 棒球（形）	11 梯子（形）	12 椅儿
13 医生	14 钥匙	15 鹦鹉	16 石榴

续上表

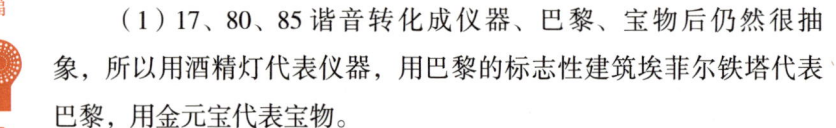

17 仪器：酒精灯	18 腰包	19 衣钩	20 按铃
21 鳄鱼	22 双胞胎	23 和尚	24 闹钟（1天24小时）
25 二胡	26 河流	27 耳机	28 恶霸：强盗
29 恶囚	30 三轮车	31 鲨鱼	32 扇儿
33 闪闪红星	34 （凉拌）三丝	35 山虎	36 山鹿
37 山鸡	38 妇女（节日）	39 三角尺	40 司令
41 蜥蜴	42 柿儿	43 石山	44 蛇（嘶嘶声）
45 师父：唐僧	46 饲料	47 司机	48 丝瓜
49 湿狗	50 奥运五环（5个环像0）	51 工人（节日）	52 鼓儿
53 武松	54 巫师	55 火车（呜呜声）	56 蜗牛
57 武器：坦克	58 尾巴：松鼠	59 蜈蚣	60 榴梿
61 儿童（节日）	62 牛儿	63 流沙：沙漏	64 螺丝
65 尿壶	66 溜溜球	67 油漆刷	68 喇叭
69 料酒	70 冰激凌	71 机翼：飞机	72 企鹅
73 花旗参	74 骑士	75 起舞：舞者	76 汽油桶
77 机器人	78 青蛙	79 气球	80 巴黎铁塔
81 白蚁	82 靶儿	83 芭蕉扇	84 巴士
85 宝物：元宝	86 背篓	87 白旗	88 爸爸
89 芭蕉	90 酒瓶	91 球衣	92 球儿
93 旧伞	94 教师	95 救护车	96 旧炉
97 酒器	98 球拍	99 脚脚	00 望远镜（形）
0 游泳圈（形）	1 蜡烛（形）	2 鹅（形）	3 耳朵（形）
4 帆船（形）	5 秤钩（形）	6 勺子（形）	7 镰刀（形）
8 眼镜（形）	9 口哨（形）	—	—

注：

（1）17、80、85谐音转化成仪器、巴黎、宝物后仍然很抽象，所以用酒精灯代表仪器，用巴黎的标志性建筑埃菲尔铁塔代表巴黎，用金元宝代表宝物。

(2)为什么既有 01～09，又有 1～9 呢？这主要是出于灵活性和实用性的考虑。在记忆类似 1902 这样的数字时，我们可以直接用 19、02 两个数字代码来联想记忆，记忆 192 时，就可以使用 19 和 2 的代码，或者 1 和 92 的代码来进行联想记忆，所以区分开来还是比较好的。

2. 词语形象转化训练

具体的词语很容易转化成形象，比如橘子、葡萄、桌子，我们只要见过的东西就可以想象它的形象，那么抽象词语如何变身图像呢？在此我介绍五种方法：

（1）**谐音**。我们小时候都会接触一些歇后语，比如：

外甥打灯笼——照旧（照舅）

雨打黄梅头——倒霉（倒梅）

老公拍扇——凄凉（妻凉）

龙王爷搬家——厉害（离海）

这四条歇后语都使用了同样的方法：谐音，将原来很抽象的"照旧"和"倒霉"等转成了形象的画面"照舅"和"倒梅"。所以正确运用谐音，是我们将抽象词语转化成形象的第一大法宝。

（2）**增减倒字法**。比如"信用"可以想成"信用卡"的图像，"抽象"可以想成"抽象画""抽象函数"等，"美国"可以倒过来想到"国美"，将"国美电器"的招牌作为图像。

（3）**拆合联想**。即将词语拆成熟悉的字或词，分别联想成图像之后，再通过联想的方式组合成新的图像。比如"保证"可以想成"保安"和"证书"，组合成"保安领证书"的画面。"金融"可以想成

"金子融化","美好"可以想成"美女吃上好佳"。"格林兰"可以拆成"格林"和"兰",组合成《格林童话》里夹着一朵兰花。

（4）**相关联想**。可以由它想到相关的人、事、物,可以是相近的,也可以是相反的,"历史"你可以想到历史课本、某个历史人物,也可以想成你的历史老师。"开心"你可以想到开怀大笑的朋友、微信里的笑脸表情,也可以想到开心麻花团队的喜剧或电影,我还会想到团队曾经有一名老师叫郑开心。

（5）**综合联想**。顾名思义,综合联想就是综合了前面提到的多种方法,比如"抽象"可以用拆合联想,想到用鞭子抽大象,为了强化是"抽"而不是"打",可以想象一个抽烟的人在用鞭子抽大象,这样相当于给我们的记忆上了"双重保险"。还有一些比较长的名词,也需要用综合联想,比如"布宜诺斯艾利斯","布宜"谐音为"不宜","诺斯"谐音为"螺丝","艾利斯"谐音想到"爱丽斯",拆合后联想的画面是：不宜把螺丝送给爱丽斯。

这五种转化方式可以这样来记,分别提取关键字"谐""字""拆""关""综",然后谐音成一句有意义的话："鞋子拆观众"这句话引发我们进一步的联想：想象你脱下鞋子,把电影院的观众席给拆了。

接下来,我们就拿下面的这些抽象词汇,来实战训练一下吧。也可以拿一本教科书或课外书,用铅笔标注一些抽象的词语来做训练,对于常出现的词语可以将图像固定下来,以备以后使用。

练习时间：

词汇	图像
保守	
过程	
价值	
梦想	
原则	
基础	
效果	
经济	
文化	
调控	
心理	
政治	
创新	
竞争	
文明	
民主	
理论	
意识	
分配	
理想	
政策	
珍惜	
保障	
精神	
体系	
效率	
因素	

参考联想:

词汇	图像
保守	保安守门
过程	杨过解方程
价值	架子
梦想	梦想板
原则	站在草原上的林则徐
基础	雏鸡
效果	微笑的苹果
经济	金鸡
文化	文化衫
调控	空调
心理	心理医生
政治	政治书
创新	乔布斯
竞争	田径比赛
文明	市容监督员
民主	民主投票
理论	理发师在辩论
意识	医师
分配	分割玉佩
理想	理发师想事情
政策	红头文件
珍惜	珍珠奶昔
保障	保安设路障
精神	精神科医生
体系	体育系学生
效率	AI办公
因素	樱树

下篇　记忆技巧篇

DEVELOP THE SUPER BRAIN

第四章 · 这样记忆最有效

曾经两次获得世界记忆锦标赛总冠军的王峰，他夺冠的消息让他的高中班主任大跌眼镜，他说以前从没有发现王峰的记忆力有这么好，他的成绩在班上一直保持在 15 名左右。王峰也坦言："我以前特别不爱记东西，哪些是一定要记的，我就逼着自己记下来，多一点儿都不想记。"

在加入武汉大学记忆协会时，他也是半信半疑："难道记忆不是天生的吗？"但当他很快可以将圆周率 100 位和《三十六计》倒背如流时，他相信了："原来记忆真的是有方法的，而且是如此有趣！"从此，他对记忆训练的热爱一发不可收拾，最终夺得冠军，并且在《最强大脑》上打败了德国冠军！

《最强大脑》第一季上的"二维码检索仪"黄金东，能够将 102 个不同的二维码和 102 个不同的电话号码对应进行记忆，而这对他而言只是小菜一碟，因为他还有很多"逆天"的才能，他还记住了《道德经》《孙子兵法》《鬼谷子》和《大学英语四六级重点难点单词》这四本书，他可以准确地告诉你，哪一页第几行写的是哪一句话或是哪一个单词。

不要以为他是天才，他曾经痴迷网游不可自拔，他戒不掉，只好痴迷于记忆法来"解毒"，2007 年在世界记忆锦标赛上获封"世界记忆大师"。

所以，这些看似来自外星的记忆天才，其实都是掌握了一套方法，而且这种方法还可以运用于各个领域。接下来，我就为你们提供几个"智能记忆软件"，让你经过训练也可以成为"最强大脑"，现在就赶紧下载安装吧！

第一节
配对联想法

不同的水量对应不同的音高，不同的密码锁图案对应着不同的手机号码，不同的价格对应着不同的玩具，在《最强大脑》上有很多项目都需要将两个信息进行配对联想，而王峰挑战的难度更高，是"瞬时多信息匹配"需要将钥匙、房间和模特进行配对。掌握了"配对联想法"，你也可以尝试进行挑战。

配对联想不仅是记忆训练的基本功，也是非常实用的一种记忆方法，各个科目都会有很多的填空题和单选题，都是两个信息要一起对应地记住，比如国家的首都、省的简称、作家的代表作等。使用配对联想法，如果是非常具体的形象之间进行配对，可以用之前讲到的"主动出击法""另显神通法""媒婆牵线法""双剑合璧法"。如果内容有一些复杂且比较抽象，可以在熟读之后将其转化成具体形象，就可以用这四种方法了。我们来看看具体的案例。

比如，中国乐器的代表曲：

二胡—《二泉映月》

古琴—《梅花三弄》

琵琶—《十面埋伏》

唢呐—《百鸟朝凤》

古筝—《高山流水》

为了记住各个乐器的代表曲,我们可以用配对来进行联想。先看二胡和《二泉映月》,二泉实指具有"天下第二泉"之称的无锡惠山泉,如果不知道这个背景,我们可以想象盲人阿炳在两股倒映着月光的泉水旁边拉二胡,声影孤单,声音凄厉。

古琴和《梅花三弄》,可以想象一位美女抚弄古琴,天空中的梅花满天飞舞。

琵琶和《十面埋伏》,可以由琵琶想到《西游记》里"四大天王"的东方持国天王多罗吒,他手持琵琶和其他天王布下十面埋伏,来捉拿孙悟空。

唢呐和《百鸟朝凤》,唢呐和喇叭有些类似,我们可以想象喇叭上套着一把锁,想象吹着唢呐,百鸟从四面八方飞过来,朝着凤凰跪拜。

古筝和《高山流水》,由《高山流水》想到伯牙、子期的故事就比较好记,也可以由古筝想到风筝,在高山之上飞着,落入了流水之中。

再比如,记忆国家的首都:

丹麦—哥本哈根

比利时—布鲁塞尔

西班牙—马德里

由"丹麦"我们联想到麦子,"哥本哈根"可以想成哥本来就喜欢吃哈根达斯,而且特别喜欢麦子味的。

由"比利时"联想到地图上的比例尺,印着比例尺的布被鲁迅塞进了耳朵。

由"西班牙"联想到斗牛,斗牛士坐在马拉的的士里面,伸出头拿着红布在斗牛。

练习时间:

(1)记忆中国四大佛寺所在的省份:
①白马寺—河南省
②灵隐寺—浙江省
③大慈恩寺—陕西省
④少林寺—河南省

(2)记忆别称代表的城市:
①羊城—广州
②春城—昆明
③日光城—拉萨
④禾城—嘉兴
⑤鹭城—厦门
⑥泉城—济南
⑦金城—兰州
⑧石头城—南京
⑨潭城—长沙

(3)记忆古代著名圣人:
①武圣—关羽
②词圣—苏轼
③医圣—张仲景
④史圣—司马迁
⑤棋圣—黄龙士
⑥至圣—孔丘
⑦画圣—吴道子
⑧曲圣—关汉卿

⑨茶圣—陆羽

⑩酒圣—杜康

参考联想（由文魁大脑俱乐部会员、中学老师吴立康提供）：

（1）记忆中国四大佛寺所在的省份：

①由"白马寺"联想到一匹白马，"河南"可以想成河的南面。想象一匹白马跳到河的南面去了。

②由"灵隐寺"联想到百灵鸟，"浙江省"可以想成折断的长江。想象一只百灵鸟隐藏在折断的长江边上。

③由"大慈恩寺"我们联想到大慈大悲的和尚，"陕西省"由"陕"谐音想到伞，大慈大悲的和尚在雨天到处给人送伞。

④由"少林寺"我们联想到少林武僧，"河南省"可以想成河的南面。想象一些少林武僧在河的南面练武。

（2）记忆别称代表的城市：

①由"羊城"我们联想到羊，"广州"可以想成广阔的绿洲。想象有一群羊来到广阔的绿洲吃草。

②由"春城"我们联想到春天，"昆明"可以想成昆仑山很明媚。可以这样联想：春天的昆仑山阳光很明媚。

③想象日光照射在拉萨的布达拉宫上，非常漂亮。

④由"禾城"我们联想到禾苗，"嘉兴"可以想成被嘉奖很高兴。可以这样联想：禾苗长得很好，老师嘉奖了我，我很高兴。

⑤由"鹭城"我们联想到白鹭，"厦门"可以想成大厦的门。联想到白鹭撞到一个大厦的门上。

⑥由"泉城"我们联想到泉水，"济南"可以想成救济南边受难的人。所以可以联想成：大家送来泉水救济南边受难的人。

⑦由"金城"我们联想到金子，"兰州"可以想成兰州拉面。想象我很饿的时候，用金子买了碗兰州拉面吃。

⑧由"石头城"我们联想到石头,"南京"可以想成蓝色的鲸鱼。联想大石头堆拦住了蓝色的鲸鱼的去路,它们撞开了它。

⑨由"潭城"我们联想到水潭,"长沙"可以想成沙子。联想到一个水潭里有很多沙子。

(3)记忆古代著名圣人:

①由"武圣"我们联想到练武,想象关羽在舞大刀。

②由"词圣"我们联想到词典,"苏轼"谐音为"舒适",想象舒适地躺在床上查着词典。

③由"医圣"我们联想到穿白大褂的医生,"张仲景"谐音为"长着筋"。想象医生为脖子上长着青筋的人做手术。

④由"史圣"我们联想到写历史,"司马迁"谐音为"死马牵",想象一个把死马牵在手里的史官形象。

⑤由"棋圣"我们联想到下棋,"黄龙士"可以想到身上印有黄龙的士兵。想象身上印有黄龙的士兵在下棋。

⑥由"至圣"我们谐音联想到纸,"孔丘"就是孔子,想象孔子在山丘上用纸写字。

⑦由"画圣"我们联想到画,"吴道子"谐音为"舞刀子"。想象我在画上舞刀子,然后画就破烂不堪了。

⑧由"曲圣"我们联想到歌曲,"关汉卿"可以想到关公喊着要亲我。想象我在唱歌的时候,关公喊着要亲我。

⑨由"茶圣"我们联想到茶,"陆羽"可以拆合联想到陆地上的羽毛,想象陆地上的羽毛来泡茶喝,别有一番风味。

⑩由"酒圣"我们联想到酒,"杜康"可以想成杜甫康复。想象杜甫生病了,康复很慢是因为喝酒了。另外可以联想到曹操的《短歌行》里的诗句"何以解忧,唯有杜康!"

第二节
数字定桩法

还记得 2010 年春晚的记忆神童王仙妮吗？《百家姓》她可以做到随便点哪个数字，就能够说出对应的姓氏，就像百度一样快速索引，她运用的是什么方法呢？本节就有答案哦！

在上一章中我们做过一个训练，将 00～99 的数字转化成形象，也就是我们所称的"数字代码"，数字代码是世界记忆锦标赛选手记数字的必备工具，同时在我们生活中也有很多用武之地，比如可以用来记忆一些有序号的信息，如班级学生的学号，梁山好汉 108 将的排序等，我们先以《三十六计》前十计为例。

数字定桩法这样使用：首先是要熟悉数字代码，提到数字能够马上想到数字代码；其次是将要记忆的信息转化成尽可能简单的形象；最后是将要记忆的形象与数字代码的形象进行配对联想。通过不断强化联想的效果，最终达到一个目标，随便点第几个数字，就可以马上说出对应的计谋，也可以随便说出计谋，可以对应说出相应的数字编号。

我们先来熟悉一下 1～10 的数字代码：

1—蜡烛　　2—鹅　　　3—耳朵　　4—帆船　　5—秤钩
6—勺子　　7—镰刀　　8—眼镜　　9—口哨　　10—棒球

第一计 瞒天过海

这个成语本来是指光天化日之下不让天知道就过了大海。形容极大的欺骗和谎言，什么样的欺骗手段都使得出来。我们将其形象化的方式有几种：一种是根据字面意思直接出现形象，想象自己潜行过了大海，天上的天神都看不见你；一种是根据引申的意思联想到相关的人或者是物，比如这里可以想到一个骗子的形象；一种是挑选关键字或关键词，这建立在你对这个成语熟悉的基础之上，比如想到"瞒"你就知道"瞒天过海"，这时可以谐音想到"馒头"，或者"瞒天"谐音想到"满天"。

接下来就是将"1"的代码"蜡烛"与后面的形象进行联想，比如，可以想象自己骑着一只超大的蜡烛在大海里潜行，而天上的天神都看不见你，你抵达海的彼岸后得意地哈哈大笑。如果想到了"满天"，也可以联想成满天都漂浮着点燃的蜡烛。

（张桂萍　绘）

第二计 围魏救赵

本意是战国时齐军用围攻魏国的方法，迫使魏国撤回攻赵的部队而使赵国得救。"2"的代码是鹅，我们可以想象一群鹅围着插有魏国旗帜的城，在不远处插着赵国旗帜的士兵欢呼："得救喽！"你也可以将"围魏"谐音图

（张桂萍　绘）

像化为"围着位子",想象一群鹅围在你坐的位子旁边,争先恐后地想要啄你。

第三计 借刀杀人

本意比喻自己不出面,借别人的手去害人。"3"的代码是耳朵,由耳朵想到了大耳朵的猪八戒,他的钉耙丢了,找别人借刀去杀人。

(张桂萍 绘)

第四计 以逸待劳

本意指在战争中做好充分准备,养精蓄锐,等疲乏的敌人来犯时给以迎头痛击。"4"的代码是帆船,可以挑选关键词"逸",即休息,想象你躺在帆船上面晒日光浴,而旁边你的敌人疲惫地在游着泳,你哈哈大笑对他们说:"我这是以逸待劳,等你们好久了,来受死吧!"

(张桂萍 绘)

第五计 趁火打劫

本意是指趁人家失火时去抢劫。比喻乘人之危谋取私利。"5"的代码是秤钩,联想到"打劫",让人想起了海盗的假肢,想象海盗用秤钩一样的假肢,趁船着火时用钩子钩住别人来打劫,想象他正在说:"赶紧把钱拿出来!"

(张桂萍 绘)

现在你已经看到我的示范,下面就要你模仿着来进行练习,练习完之后可以对照参考的联想,将自己的联想变得更加完美一些,记住不是用语言来编故事,而是在脑海中浮现出形象,现在就开始吧!

第六计 声东击西(指表面上声言要攻打东面,其实是攻打西面。军事上使敌人产生错觉的一种战术。)

联想:_____

第七计 无中生有(本指本来没有却硬说有,现形容凭空捏造。)

联想:_____

第八计 暗度陈仓(陈仓:古县名。比喻暗中进行某种活动。)

联想:_____

第九计 隔岸观火(隔着河看人家着火。比喻对别人的危难不去求助,在一旁看热闹。)

联想:_____

第十计 笑里藏刀(比喻外表和气而内心阴险。)

联想:_____

在联想完毕后,需要进行一下修正还原,看能否由脑海中的图像想到每一计的内容,如果不能,则需要进行一下强化,比如由"逸"引申出来的休息的画面,无法想到"以逸待劳"的第一个字是"以",可以加一个图像,由"以"谐音想到"椅",在椅子上休息;如果想不到"待劳",我们也可以望文生义地想出一个图像,等待麦当劳送外卖过来。当然喽,不要最终在还原时曲解了意思,以为是在椅子上等麦当劳。

参考联想(由国际记忆大师、文魁大脑俱乐部会员高汉澎提供):

第六计(勺子)声东击西。我用勺子敲击着西瓜,发出"咚咚"

的声音。

第七计（镰刀）**无中生有**。农民在一片空的农田里，用镰刀一割，就割出一片麦田来。

第八计（眼镜）**暗度陈仓**。一位英雄戴着眼镜，暗地里潜入陈旧的仓库去营救爱人。

第九计（口哨）**隔岸观火**。一位男子隔着河水吹着口哨，看着对岸的森林着火。

第十计（棒球）**笑里藏刀**。综艺节目里的男嘉宾奸笑着从棒球里掏出一把刀，把对手的名牌给割了下来。

练习时间：

现在我们再来尝试记忆一下"中国十大名茶"吧。可以用11～20的数字代码。

11（梯子）—西湖龙井　　　12（椅儿）—洞庭碧螺春

13（医生）—黄山毛峰　　　14（钥匙）—庐山云雾茶

15（鹦鹉）—六安瓜片　　　16（石榴）—君山银针

17（仪器：酒精灯）—信阳毛尖　18（腰包）—武夷岩茶

19（衣钩）—安溪铁观音　　20（按铃）—祁门红茶

参考联想（由国际记忆大师、文魁大脑俱乐部会员谢超东提供）：

（1）西湖龙井。11（梯子）：西湖里面有一条龙，利用梯子从深处的井里面爬出来了，惊呆了旁边的游客。

（2）洞庭碧螺春。12（椅儿）：山洞里有个庭院，中间摆着一把椅子，碧绿的田螺坐在上面感受着蒙蒙春雨。

（3）黄山毛峰。13（医生）：黄山上有一座长着毛的山峰，医生在那里采中药。

（4）庐山云雾茶。14（钥匙）：庐山终年都有许多云雾，想要到顶端喝茶，得有一把神奇的钥匙引路才行。

（5）六安瓜片。15（鹦鹉）：六只鹦鹉手拿安全帽，在餐桌上打扫西瓜的碎片。

（6）君山银针。16（石榴）：君子郭靖在山上采摘了石榴准备吃，黄蓉却说先用银针试一下是否有毒。

（7）信阳毛尖。17（仪器：酒精灯）：信奉太阳神的红色毛毛虫，用其尖尖的毛戳碎了酒精灯。

（8）武夷岩茶。18（腰包）：武夷山上的游客喜欢将岩石装在腰包里，下山去跟商人换茶喝。

（9）安溪铁观音。19（衣钩）：公安部门在小溪上追到了冒牌的铁观音，用衣钩将其勾住抓回去了。

（10）祁门红茶。20（按铃）：骑（祁）着马的门神想点红茶，他按了按铃，服务员过来帮他点单。

第三节
地点定桩法

《最强大脑》第一季中,文魁大脑俱乐部金牌讲师"汉字女英雄"胡小玲挑战"汉字盲填",堪称史上最高难度的填字游戏,她仅花了4分钟就记住了40个长短不一的词语,有网友说她是使用了"记忆宫殿",也就是本节所说的"地点定桩法",看完本节,你也来揭秘吧!

地点定桩法历史非常悠久,也称为"古罗马室法"。在古罗马时代,元老院的长老们为了演说和辩论需要引经据典,记住大量数据,而那时没有纸笔,不方便记录。而一个雄辩者必须要记住大量知识才能出口成章,立于不败之地。他们是怎样记忆的呢?罗马人注意到自己家里的房间和物品摆设一般是固定在一个地方不动的,如果以它们为媒介,把需要记忆的内容与每样物品进行想象,那么只要想起物品不就可以想起所记忆的内容了吗?这样就解决了能"按顺序记"的难题,这种方法被称为"古罗马室法"!

"古罗马室法"被传教士利玛窦传入中国,当时他为了传教必须得让中国人认可,除了带来西方的各种知识和发明,他还熟读中国历史和文化书籍。更神奇的是，他可以匆匆看一本书就做到倒背如流。为了结识知识分子与官府，他专门写了一本记忆书，名为《西国记法》，叙述了运用空间结合心像来记忆文字的方法，后来这本书又改编成《记忆宫殿》。

运用地点定桩法，首先需要在我们生活的环境中找一些地点，找地点有以下五个黄金法则。

1. 熟悉

可以从我们生活中熟悉的地方开始，比如自己家里、亲戚朋友家里、学校、公园等。一般在脑海中过两三遍就能够记下来，实在不行用录像机录下来，多复习几遍也能转化成熟悉的地点。

2. 顺序

地点的顺序要比较好记，必须要按照一定的方向来找，可以按顺时针或逆时针方向。一般而言，顺时针更符合现代人的视觉习惯，记忆时也会更加顺畅。

3. 特征

找的地点要有突出的特征，平面的东西不是很好，比如墙，最好是能够立体化的，水桶、开水瓶、洗澡盆都不错。另外，在同一组地点里最好不要有相同的东西。

4. 适中

地点要大小适中，太小了看不见，太大了看不全。两个地点间的距离也要适中，太远了从一个跨到另一个不太容易，太近了上面的东西容易混淆，一般的距离在半米到一米之间比较合适。如果两个地点相距太远，可以在中间随意虚拟想象出一个物品作为地点。

5. 固定

就是说找的地点不能是经常移动的，比如一只到处乱跑的小狗。特别是在经常生活的家里找地点，如果地点变动了，使用起来容易混淆。

关于更多找地点桩的细节，请在公众号"袁文魁"（ID：yuanwenkui1985）回复"地点桩疑问"，阅读《中国记忆术第一书〈西国记法〉教你找地点的技术》《寻找记忆宫殿（地点桩）最常见的疑问》等文章。

一般来说，在现场找地点桩的效果最好，因为立体感更强，观察者可以自由移动，灵活调整观察的距离和角度，还可以移动地点桩来进行调整，这是绝大多数记忆高手的选择。

次之的选择，是在较平面的图片里找地点，这样缺少身临其境的感觉，需要我们构思出3D画面，一般在记忆比赛中很少用，但在实用记忆时可以适当采用。

受限于书籍的形式，我无法带你现场找地点，这里先提供十个地点的视频和图片，供你来了解地点桩的样子，以及该如何使用地点桩。请在公众号"袁文魁"（ID：yuanwenkui1985）回复"地点桩12"（更多的地点桩，请回复"袁文魁地点桩"），看完两遍后尝试将其回想一遍，你还可以通过下图来强化记忆。

这十个地点桩依次是：烧水壶、电饭煲、高压锅、佐料台、刀架、储物架、冰箱顶、冰箱门、宝宝椅、电风扇。我用它们来示范一下《三十六计》的第十一～二十计，将每一计的意思或者关键词想象出画面，再将其与地点桩进行联想。朴振明同学根据我联想的内容，将其在地点桩上绘制了出来，供你参考。

第十一计李代桃僵，意思是：李树代替桃树而死，比喻兄弟相爱相助，后来指相互顶撞或代人受过。

地点桩是烧水壶，想象在烧水壶里有一棵李树，被开水煮熟了，烧水壶上是完好的桃树，李树代替桃树而死。

第十二计顺手牵羊，意思是：顺手就牵了羊，比喻不费劲便得到的东西。现多指趁机拿走人家东西的偷窃行为。

地点桩是电饭煲，我们既可以想象有人牵着一只羊过来，羊把电饭煲里的饭全吃了，也可以用引申义，想象有强盗来到家里，顺手就把电饭煲里的饭偷走了。

第十三计打草惊蛇，意思是：打草时惊动了藏在草里的蛇。后来指做事不周密，行动不谨慎，而使对方有所察觉。

地点桩是高压锅，想象高压锅上长着草，我用棍子打了草之后，里面藏着的蛇钻了出来。

第十四计借尸还魂，意思是：人死后，灵魂附着于别人的尸体而复活。比喻已经死亡或没落的事物，又假托别的名义或以另一种形式重现。

可以挑取"魂"作为关键字，想到灵魂，地点桩是佐料架，想象打开一个装酱油的瓶子，一个灵魂从里面飘了出来。

第十五计调虎离山，意思是：设法使老虎离开山头。比喻为了便于行事，想法子引诱人离开原来的地方。

地点桩是刀架，可以把刀架想象成山头，有一只老虎盘踞在上面，你用食物引诱它离开。

第十六计欲擒故纵，意思是：要抓住他，故意先放开他。比喻为了进一步控制，先故意放松一步。

地点桩是储物架，想象储物架上有一只老鼠在偷吃东西，你故意等它吃饱，等它卡在里面再去抓它。

第十七计抛砖引玉，指的是抛出砖头，引回白玉。比喻以自己的粗浅意见引出别人高明的见解。

地点桩是冰箱顶，想象你向冰箱顶上抛了一块砖头，结果砖头裂开了，里面出来了一块白玉。

第十八计擒贼擒王，指作战要先擒拿主要敌手。比喻做事要抓关键。

地点桩是冰箱门，想象警察在冰箱门上擒拿了贼王。

第十九计釜底抽薪，指的是从锅底抽掉柴火。比喻从根本上解决问题。

地点桩是宝宝椅，想象宝宝椅的下层在烧柴火，上层放着一个大锅，你把下层的柴抽掉了，火就熄灭了。

第二十计浑水摸鱼，原意是指先将池子里的水搅浑，然后趁机将鱼儿抓起。比喻在混乱时夺取不正当的利益。

地点桩是电风扇，想象电风扇底座泡在水池里，池里有很多鱼，电风扇吹出黑风，将池子里的水搅浑了，你趁机抓鱼。

好了，你可以尝试再复习一遍。然后，依次回忆每个地点桩，回想上面的图像，然后将其"翻译"成文字，最终将《三十六计》第十一～二十计背诵出来吧。

用地点桩记忆之后，你不仅可以按照顺序背，还可以倒背如流，只需要从最后一个地点桩回想到第一个即可。如果你想任意挑着背，可以将5、10、15、20等地点桩记住，之后问到第十七计时，可以先想到15的地点桩，再往后数2个。

用地点桩记忆时，每一个桩子就像是一个舞台，是固定在那里不动的，上面的图像就是演员在表演节目，而"你"是导演、摄像师，同时也是观众。随着你记忆功力的加深，一个桩子可以不只记忆一个图像，舞台上的演员可以更多，可以演出更精彩的大戏，还能结合后面学到的情境故事法，在地点桩上上演一部大片。

我学完地点定桩法后，只花了一周时间背完了《道德经》。后来，我用这种方法来记忆专业课知识，我将知识点按顺序存放在脑海中的地点桩上，走在路上就可以随时随地进行复习，如果有哪个地点上没有图像，我就可以回头再去强化复习，这为我节省了大量时间，考试居然好几科都有90分以上。

那地点定桩法有啥缺点呢？它不适合宅男宅女和懒人，如果你不去找地点桩，就不能构建自己的记忆宫殿，也无法享受它的神奇魔力。只要你去找，地点是无穷无尽的，我有学员找了15 000个。当然，找地点桩要循序渐进，找完熟悉并且使用多次之后，再去积累新的地点桩。我刚开始时一次只能找一组地点（30个），精通之后可以一次性找 4～8 组并且记住。

可能很多人会问："使用地点桩记忆了某个知识后，还能够用它来记忆其他东西吗？"世界记忆总冠军多米尼克先生曾有个比喻："地点就像是磁带，我们记忆就是用磁带来录音，对于需要长期保存的东西，我们要通过复习来使之持久，对于以后不会再用的信息，我们可以把磁带上的信息抹掉，继续记新的信息。"

比如，记忆大师在日常训练记忆扑克、数字、词汇等项目，答题完毕之后，就可以用地点桩来记忆新的信息了。如果某个选手要挑战圆周率世界纪录，就不宜用这些地点桩再记其他东西了。我用来记忆考试问答题的地点，考完就会用来记忆其他科目，它们是"共享地点"，而用来记忆《道德经》等国学经典的地点，就是"VIP 专属地点"。

有些人用地点定桩法记忆完后，上面的信息印象非常深刻，这时该怎么办呢？就像是清理黑板上的粉笔字一样，第一种方法是长时间不管它，让它自然地变淡甚至消失，但耗时比较久。第二种是用粉笔直接在上面涂抹，就看不清楚原来的内容了，也就是直接记忆新的信息来覆盖旧的记忆，但新旧信息之间最好有一定的差异，比如不要都用来记忆单词。第三种是想象地点桩上发了大火或者大水，将这些图像毁掉。我一般用前两种方式更多一些。

最后想说的是，狭义的记忆法就是指地点定桩法，所以有人会夸大它的神奇之处，贬低其他记忆法。它为记忆提供了空间线索，而且解决了"按顺序记"的难题，对于体量比较大的知识，会有更多的用武之地，比如背诵长篇诗文、法律条文、国学经典等。如果零碎且少量的信息，用它就有"杀鸡用牛刀"的味道了。

据我观察，学习记忆法仅是用于学习考试的学员，地点定桩法用得较少，而参加世界记忆锦标赛的选手，则都是地点定桩法的运用高手。因为目前成为记忆大师的标准是：40 秒内记对一副扑克牌、1

小时记对 14 副扑克牌、1 小时记对 1 400 个数字、十大比赛项目总分超过 3 000 分。大部分比赛项目都需要使用地点桩，所以记忆大师一般有 1 500 个左右的地点桩，这些桩子在比赛结束也可以用于学习考试。如果你有兴趣深入了解地点桩，以及如何成为"世界记忆大师"，可以阅读我的《学霸记忆法：如何成为记忆高手》。

练习时间：

请用上图中的 6 个地点（壁灯、向日葵画、沙发背、坐垫、木椅、茶几），按顺序记忆十二生肖：子鼠、丑牛、寅虎、卯兔、辰龙、巳蛇、午马、未羊、申猴、酉鸡、戌狗、亥猪，每个地点桩记忆两个生肖。

参考联想：

1. 壁灯：子鼠、丑牛。想象一只小老鼠跳上壁灯，爬到灯上的丑牛后背。

2.向日葵画：寅虎、卯兔。想象一只银（"寅"的谐音）色老虎扑向了躲在画框右下方的长毛（"卯"的谐音）兔。

3.沙发背：辰龙、巳蛇。想象很沉（"辰"的谐音）的一条龙咬破了沙发，从里面钻出来四（"巳"的谐音）条小蛇。

4.坐垫：午马、未羊。想象坐垫上站着一匹马，午饭时间在喂（"未"的谐音）一只羊吃草。

5.木椅：申猴、酉鸡。想象椅背上伸（"申"的谐音）出手的猴子，把油（"酉"的谐音）倒在了一只鸡的身上。

6.茶几：戌狗、亥猪。想象长着胡须（"戌"的谐音）的狗用力地拍打一只害（"亥"的谐音）怕得发抖的猪身上。

（张桂萍 绘）

第四节
万物定桩法

我们可以在任何时间，任何地点，用任何事物来帮助我们记忆任何信息，这就是记忆法的神奇之处。当初我学记忆法时，老师故意留下悬念："还有一个更强大的万物定桩法。"后来才知道，原来如此！

万物定桩法，顾名思义，就是宇宙间的一切事物都可以定桩，我们可以将其拆分成一些小的部分变成一个个桩子。以人类的身体为例，我们可以从上到下找到很多桩子，比如头发、耳朵、眼睛、鼻子、嘴巴、脖子、肚子、屁股、膝盖、脚。我们可以尝试用它们来记忆一些购物清单，或者旅游物资清单，当然，也可以像地点定桩法一样，用来记忆一些学科的知识。

下面我们一起来记忆一下下面这十大健康食物。

1. 鱼类　2. 花椰菜　3. 酸奶　　4. 菇类　　5. 豆类
6. 番茄　7. 洋葱　　8. 橄榄油　9. 甘薯　　10. 猕猴桃

请参考国际记忆大师、文魁大脑俱乐部会员刘显梅的联想,结合下面的图片,来挑战记住吧。

1. 头发——鱼类。一根头发把一条鱼钓了起来。
2. 耳朵——花椰菜。耳朵上开出了花并结出了椰子。
3. 眼睛——酸奶。酸奶涂在眼睛上做美容。
4. 鼻子——蘑菇。感冒流鼻涕了,用蘑菇塞住了鼻孔。
5. 嘴巴——豆类。嘴巴里镶着一排豆子做的假牙。
6. 脖子——番茄。脖子戴着一串小番茄做的项链。
7. 肚子——洋葱。肚子处的腰带扣是一个洋葱的形状。
8. 屁股——橄榄油。屁股上涂满了橄榄油,坐在椅子上就滑下来了。
9. 膝盖——甘薯。膝盖跪在一个甘薯上面,把甘薯压扁了。
10. 脚——猕猴桃。脚踩在一个猕猴桃上,绿色的汁四处飞溅。

(燕宇涵 绘)

记忆完毕我们依次想到身体的部位来复习一下。看，我们不仅可以用大脑来记，我们身体的每个部位都变成了记忆的"口袋"。让我们少用一些纸和笔，多在生活中这样锻炼大脑的记忆吧。

除了我们的身体，我们还可以将汽车、摩托车、电脑等拆分成小的部分，比如一辆汽车，我们可以找到以下10个桩子：1. 前轮；2. 车灯；3. 车标；4. 挡风玻璃；5. 车顶；6. 方向盘；7. 驾驶座；8. 副驾驶座；9. 后备厢；10. 排气口。

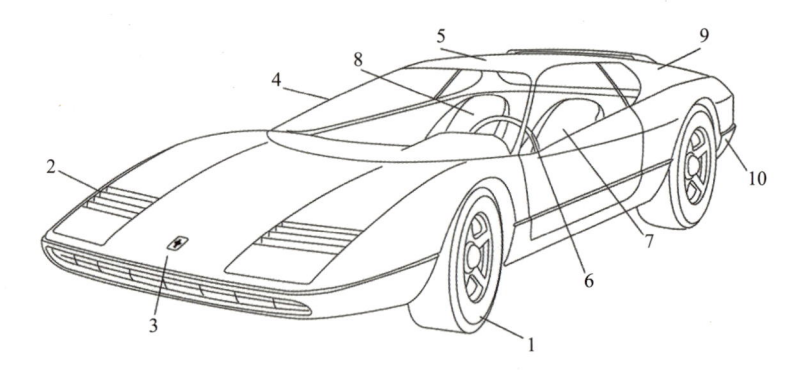

我们用它们来训练一下，记忆"成功人士的十大心态"。

1. 执着　2. 挑战　3. 热情　4. 奉献　5. 激情
6. 愉快　7. 爱心　8. 自豪　9. 渴望　10. 信赖

请将你的联想过程写下来：

1. _____
2. _____
3. _____
4. _____
5. _____
6. _____

7. _____
8. _____
9. _____
10. _____

参考联想（由国际记忆大师、文魁大脑俱乐部会员张闯提供）：

1. 车轮—执着。"执着"谐音为"织着"，妈妈坐在地上，靠着车轮织着毛衣。

2. 车灯—挑战。在车灯强光的照射下，赛车挑战者的眼睛都睁不开。

3. 车标志—热情。"热情"联想到火，想象一把火把车标志烧着了。

4. 挡风玻璃—奉献。"奉献"谐音为"奉先"，吕布字奉先。《三国演义》第一名将吕布正在义务为大家擦挡风玻璃。

5. 车顶—激情。"激情"想到了激光，想象伴随着激情四射的音乐，车顶上放射出五彩的激光。

6. 方向盘—愉快。"愉快"拆成鱼+快，一条鱼在方向盘上面飞快地穿梭着。

7. 驾驶座—爱心。"爱心"联想到心形抱枕。司机抱着心形抱枕坐在驾驶座上。

8. 副驾驶座—自豪。"自豪"谐音为"自嚎"，在副驾驶座上，一头狼在独自嚎叫着。

9. 后备厢—渴望。他口渴了，望望后备厢，看看有没有水。

10. 排气口—信赖。一封信赖在排气口上，紧紧粘着，再大的风也吹不走。

除了具体的物体，我们还可以用熟语来定桩，因为汉语里面有一些诗歌、名言等我们熟悉的句子，它们的顺序也不会改变，如果我们能够将每个字先变成图像，再去和要记的信息进行一一联想，也是可以的。比如"白日依山尽，黄河入海流""学而时习之，不亦乐乎"等。

第一步是通过接近联想使汉字变成图像，比如"白"可以想到白菜、李白等，"日"则直接想到太阳，有些可以用谐音，比如"依"想到衣服。另外，如果熟语里有相同的字，我们可以用不同的图像，或者用同一个图像，但可以对大小、颜色、特征等进行区分。

下面我们以美国哈佛大学心理学系系主任丹尼尔·夏科特的《你的记忆怎么了》里提出的"记忆七宗罪"为例来做一个训练，"记忆七宗罪"是指记忆出了问题时给我们带来的七种麻烦，它们分别是：

1. 健忘：记忆随着时间过去而减退或丧失。
2. 分心：没有记住该记住的事。
3. 空白：脑子里努力想找出某一信息，却怎么也想不起来。
4. 错认：误把幻想当作真实。
5. 暗示：在唤起过去记忆时，因受到某种引导性的问题、评论或建议的影响，而使记忆遭到扭曲。
6. 偏颇：根据自己目前的认知，重新编辑甚至全盘改写以前的经验。
7. 纠缠：明明想彻底忘却的恼人事件，却一再反复想起。

我们就直接用"你的记忆怎么了"这七个字来做桩子，"你"可以想到你自己，"的"可以想到的士，"记"想到"笔记本"，"忆"谐音想到"椅"，"怎"谐音想到"枕"，"么"谐音想到"馍"，"了"想到"鸟"。

接下来,请你分别进行联想。

1. _____
2. _____
3. _____
4. _____
5. _____
6. _____
7. _____

参考联想(由文魁大脑俱乐部会员蒋雪婷提供):

1. 健忘(你)。又想不起来自己有没有吃药了吧?你才二十岁就这么健忘啊!

2. 分心(的—的士)。的士司机开车分心了,撞到一棵树上面。

3. 空白(记—笔记本)。用这种空白的笔记本来画思维导图真是再好不过了!

4. 错认(忆—摇椅)。我把坐在摇椅上的李大爷错认成了隔壁老王。

5. 暗示(怎—枕头)。我在失眠时不断暗示自己:"我的头越来越觉沉,深深地陷入枕头里面。"

6. 偏颇(么—馍)。偏着头的大将廉颇,正在啃着一个馍。

7. 纠缠(了—鸟)。树上的两只小鸟为了争夺一条虫子纠缠扭打在一起了。

第五节
图像锁链法

零散的、无逻辑的信息比集中的、有意义的信息要难记,为什么呢?就像一个个糖葫芦一样,如果没有一根棍子串起来,我们吃起来就很不方便。所以,想要记得牢,就要像串糖葫芦一样,把图像用"锁链"连在一起,本节将为你分享"图像锁链法"。

所谓图像锁链法,就是将要记忆的信息简化成一个个图像,然后将这些图像如锁链一样都串起来。A 和 B 链在一起,B 和 C 链在一起,C 和 D 链在一起,依此类推。如果两两之间的联想比较牢固,就可以顺藤摸瓜全部都想起来。

我们先来尝试记住以下 10 个词语的顺序:
1. 钥匙 2. 鹦鹉 3. 球儿 4. 尿壶 5. 山虎
6. 芭蕉 7. 气球 8. 扇儿 9. 妇女 10. 饲料

如果没有学习过记忆法的人,大多会习惯性地开始默读,"钥匙、鹦鹉、球儿、钥匙、鹦鹉、球儿……",但是和尚念经般的重复,经常是背了后面忘了前面,就像狗熊掰玉米一样。现在,请看下面的文字,然后在脑海中依次想象出这些画面,每个画面在脑海中想象 3 秒的时间,让它尽量清晰、生动。

钥匙—鹦鹉:钥匙插到鹦鹉的背上,鹦鹉发出"哇"的一声尖叫,扑腾着翅膀在挣扎。

鹦鹉—球儿:鹦鹉用爪子抓破了球儿,发出了"啪"的响声。

球儿—尿壶:球儿飞出去撞到了尿壶,尿壶打翻了,溅出来难闻的尿液。

尿壶—山虎:尿壶泼出的尿液洒到了山虎身上,山虎的毛全都湿淋淋的。

山虎—芭蕉:山虎扑到了芭蕉上面,一口咬住芭蕉,把芭蕉吞掉了一半。

芭蕉—气球:芭蕉被扔出去砸向了气球,气球被砸破了一个洞,正在漏气。

气球—扇儿:气球的绳子上绑着一把扇儿,扇儿在空中旋转飞舞着。

扇儿—妇女:扇儿落到妇女面前,给正在做饭的妇女扇风。

妇女—饲料:妇女用勺子炒好了菜,将菜倒在了饲料袋里。

看完之后,闭上眼睛,按照顺序想象一遍,并且尝试回忆出这十个词语。如果没有问题,还可以尝试倒背如流哦。如果你熟悉过数字代码,就会知道这些图像都代表着数字,你记住的是14159265358979323846,也就是圆周率的前20位。是不是很轻松就记住了?

接下来看《三十六计》的二十一到三十计,我们可以通过理解意思和朗读来熟悉这些计谋,然后挑选出比较关键的字词来做图像,这些图像尽量找可以动的东西,而且最好不要和其他计谋混淆,你先来自己挑一挑。

第二十一计 金蝉脱壳（蝉变为成虫时要脱去以前的壳。比喻用计脱身。）

第二十二计 关门捉贼（关起门来捉进入屋内的盗贼。）

第二十三计 远交近攻（结交离得远的国家而进攻邻近的国家。这是秦国用以并吞六国、统一大业的外交策略。）

第二十四计 假道伐虢（以借路为名，实际上要侵占该国。虢，诸侯国名。）

第二十五计 偷梁换柱（比喻暗中玩弄手法，以假代真。）

第二十六计 指桑骂槐（指着桑树骂槐树。比喻借题发挥，指着这个骂那个。）

第二十七计 假痴不癫（假装痴呆，掩人耳目，另有所图。）

第二十八计 上屋抽梯（上楼以后拿掉梯子。用以比喻怂恿人，使人上当。）

第二十九计 树上开花（比喻将本求利，别人收获。）

第三十计 反客为主（本是客人却用主人的口气说话。后指在一定的场合下采取主动措施，以声势压倒别人。）

下面是我挑选的关键字，供大家参考：

第二十一计可以挑选"蝉"；

第二十二计如果选"贼"，则会与第18计"擒贼擒王"相混淆，所以可以选择"门"；

第二十三计里没有形象的东西，可以用增减字法或谐音法，比如"交"增加字为"交警"，"攻"谐音可以为"弓"，这里选择"交警"；

第二十四计"假道伐虢"，可以选择"道"想到"道士"，或者"虢"谐音为"锅"，这里选择"道士"；

第二十五计可以选择"梁""柱",我选择"柱";

第二十六计"桑"和"槐"都可以,这里选择"桑";

第二十七计"假痴不癫",由"痴"可以想到一个"白痴",自己找一个心中的白痴形象;

第二十八计是"上屋抽梯",选择"屋"或"梯"都可以,这里选择"梯";

第二十九计可以选择"树"或者"花",但是"树"和前面的"桑"可能混淆,此处想象一束玫瑰花;

第三十计可以选择"客",想象一个到你家做过客的客人。

把我们选择的整理一下,就是以下十个图像:蝉、门、交警、道士、柱、桑、白痴、梯子、玫瑰花、客人。我们先来尝试一下看能否想到原来的成语,如果不能想到,要么再熟悉一下成语,要么就换一个关键字。

如果可以的话,我们就进行下一个步骤,运用图像锁链法。之前的配对联想训练中有几种方式,这里可以用到主动出击、另显神通和双剑合璧三种方式,在联想时可以运用联想的六个法则。

我是这样来想象的:

一群蝉飞向铁门,把门撞得砰砰响,然后啪啪地掉在了地上。

铁门倒下来把门后面的交警压倒在地,交警拼命地喊:"救命!"

交警用双手抱住一个道士并按倒在地上。

道士抱着一根大的柱子在诵读《道德经》。

柱子倒了下来,压倒了一棵桑树,把桑叶都压进了泥土里。

一只手拿着桑树枝在打一个白痴的屁股,白痴却笑得乐呵呵。

白痴爬到梯子上面,脱了衣服在上面坐着唱歌。

梯子的每一个横栏上面都长着好多玫瑰花,花香四溢。

你拿着玫瑰花献给来你家做客的客人。

现在，在你回想这个图像锁链两遍之后，请写出这十个图像对应的计谋：

1. _____ 2. _____ 3. _____ 4. _____ 5. _____
6. _____ 7. _____ 8. _____ 9. _____ 10. _____

第六节
情境故事法

《你好吗》?《给我一首歌的时间》,我的《可爱女人》。我想和你《回到过去》,继续那份《简单爱》,续上《断了的弦》,我依然穿着你送我的《黑色毛衣》,还记得那是我们《蒲公英的约会》时你送给我的。我们去《珊瑚海》《菊花台》,《一路向北》,去往《千里之外》。知道这是什么吗?这是周杰伦歌名的串烧,这样将它们编成有情境的故事,是不是很快就可以记住了呢?这种方法叫情境故事法,在学习中也非常实用哦!

情境故事法就是将零散的记忆内容编成一个故事来记忆的方法。为什么要编成故事呢?因为故事有情节、有画面、有趣味、有逻辑性,将零散的信息像珍珠一样串起来,可以充分调动我们的全脑来记忆。在回忆时,我们一想起这个故事,就可以很顺利地按顺序提取出记忆的内容。如果有一些内容不需要严格按照顺序来记忆,我们也可以在编故事时重新排序,让我们编故事更容易。

日本记忆专家坂井照夫有个经典的案例来记忆日本作家夏日漱石的作品:《我们是猫》《草枕》《虞美人草》《三四郎》《从此》

《门》《行人》《一直到对岸》《道草》《明暗》，他编了一个故事：《我们是猫》，枕着《草枕》睡觉，草枕上面画着《虞美人草》，《三四郎》践踏虞美人草，《从此》进入到《门》里，看到里面有很多来往的《行人》，他们《一直到对岸》的河边去采《道草》，道草长在《明暗》分明的森林里面。这个小故事让他轻松地记住了这些作品，而且可以按照顺序说出来。

我们编故事一般要求要简洁、有趣、生动、形象，不能前后跳跃太大，一下子想到这，一下子扯到那，整体上看来要有条理。编故事时，我们脑海中要浮现出图像，看到一幕幕故事的发生，同时可以借助听觉、触觉等多种感官，或者加入自己的经历和情感，这样可以强化我们的记忆。

再举个语文里记忆作家作品的例子，冰心的代表作有《超人》《春水》《繁星》《小橘灯》《姑姑》《往事》《寄小读者》。一个学生编了这样的故事：冰心奶奶变成了超人，她从春天的水池里飞出来，飞到天上，在满天繁星中抓了一把，然后呢，将这些星星放在橘皮里做了小橘灯，并把它送给了姑姑，姑姑在灯下面回忆起往事，她写下来将它寄给了小读者。

（刘熙雯 绘）

另一个学生的故事则是：一个巨大的冰雕爱心前面，超人用手指一点就化成了春水，一些水珠漂在空中像是繁星一样，超人将橘皮放在星星下面，就变成了很多盏小橘灯，在灯下他和姑姑坐在一起回想他的往事，并让姑姑写下来寄给小读者。

（刘熙雯　绘）

《三十六计》的最后六计，我们可以编一个故事来辅助记忆，它们分别是美人计、空城计、反间计、苦肉计、连环计、走为上计。可以想象这样一个故事：一个美人被关在一座空城中，被反锁在一个房间里。她反复敲打房门都打不开，之后想出一计，将苦瓜和肉丝接在一起连成环，借助这个环从房间的窗户里爬出来，得意地一走了之。

闭着眼睛想象这个画面，可以将细节想得更清晰一些，想象这是你非常喜欢的美人，比如某位影视明星或者是你认识的女生，想象她被关进空城时的心情，她反复敲打房门时的心情，她计上心来时的愉悦心情等。想完这个画面，我们一起来检测一下，看看有没有将最后六计记下来吧。

我们还可以尝试一下，把前面的三十计也编成一个故事，每一计我们比较熟悉后，可以只挑取里面的关键词来编故事，我来起个头：我是古代的大将军，我曾带领军队瞒天过海，然后包围魏国以救赵国。我从士兵那里借了一把刀来杀敌，杀累了以后，我就在旁边休息，以逸待劳。这时我发现魏国着火了，我拿着刀准备打劫……

编完故事之后，我们可以闭上眼睛好好回忆这个故事，并且添加一些细节，使故事更加清晰更加连贯，然后我们尝试着过一遍，看看能够记住多少。

情境故事法和图像锁链法，两者有一定的区别，但经常会混合使用，我将它们合称为"锁链故事法"。

训练锁链故事法，不仅可以提高我们的记忆力，还可以改善我们的想象力和创造力，并且有助于提高我们的写作水平和演讲水平。央视的"挑战主持人大赛"就有随机给一些词语来编故事的挑战项目，而一些大公司面试员工时也会有类似的项目。我们从小训练这种方法，好处多多。

我们可以先从10个词语开始编故事，当你训练得多了以后，可以慢慢地增加到15个、20个。如果要记忆的信息更多时，我们也可以分成两到三个故事。现在我们先给一些素材大家来训练：

第一组：太阳、飞机、孙子、成语词典、风扇、猪、电脑、空调、手套、小孩子

第二组：房子、相册、耳机、牛郎、面包、麻醉、瀑布、模特、火箭、橡皮

第三组：玫瑰、豆浆、消毒、漫画、苗条、叛徒、破烂、民族、绵羊、奖杯

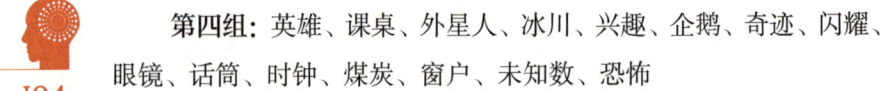

第四组：英雄、课桌、外星人、冰川、兴趣、企鹅、奇迹、闪耀、眼镜、话筒、时钟、煤炭、窗户、未知数、恐怖

第五组： 海洋、非洲、文化、网络、秒表、笑声、完美、吊灯、语文、苹果、马、狼、学习、茅台酒、名著

第六组： 天堂、喜羊羊、幸福、鼠标、飞碟、火灾、卫生纸、柜子、巨蜥、火车、天空之城、最强大脑、我爱记歌词、苹果手机、领带

在这里推荐一种好玩的训练方式。2013年，我在训练一位学生时，买了一盒印有各种物品图案的小卡片，比如上面有向日葵、椅子、西瓜等。我随机抽出15张卡片，按顺序摆在桌子上面。学生记完之后，我将所有的卡片翻过来，然后让他一张张地说出卡片的内容，并且将他编的故事与我分享。通过这种训练，他对记忆法的兴趣比以前更加深厚了。

另外，如果你想训练用词语编故事，没有训练素材怎么办呢？在AI时代，可以借助"文心一言"等AI工具帮忙出题。打开"文心一言"App，在对话框里输入："请帮我出一些形象的词语，比如动物、植物、生活用品等，每组词语10个，每组里的词语类别是随机的，每个词语在2～3个汉字，词语之间用、区隔，一共出30组。"一套训练试题马上就出来了，以后想要多少就能生成多少，永远不用担心没有训练素材。

练习时间：

1. 中国十大古典悲剧：《窦娥冤》《赵氏孤儿》《精忠旗》《清忠谱》《桃花扇》《汉宫秋》《琵琶记》《娇红记》《长生殿》《雷峰塔》。

_____

_____

_____

2. 以"f（e）"结尾的名词变复数时，一般是直接加"s"，我

们来记住9个特例：wolf（狼）、leaf（树叶）、half（一半）、self（自己）、wife（妻子）、knife（刀子）、shelf（架）、thief（强盗）、life（生命），它们都要改"f（e）"为"v（e）"再加"s"。

_____

_____

_____

参考联想（由文魁大脑俱乐部会员、高中语文老师杨泽提供）：

1. 赵氏孤儿看到窦娥太冤了，决定为她伸张正义，他挥舞着精忠旗走进长生殿，翻开桌上的清忠谱写下窦娥的名字，窦娥弹着琵琶从雷峰塔上飘然走下，看到赵氏孤儿就撒娇并脸红起来，她用桃花扇遮住了半边脸，扇子上浮现出汉宫秋天的美景，赵氏孤儿都看呆了！

2. 狼站在架子上抖落了树上一半的树叶，强盗和他的妻子在飞舞的落叶中，用刀子结束了自己的生命。

第七节
字头歌诀法

"飞雪连天射白鹿，笑书神侠倚碧鸳"，如果你是金庸迷的话，一定对这句诗不会陌生，它代表着金庸的14部武侠小说，分别为《飞狐外传》《雪山飞狐》《连城诀》《天龙八部》《射雕英雄传》《白马啸西风》《鹿鼎记》《笑傲江湖》《书剑恩仇录》《神雕侠侣》《侠客行》《倚天屠龙记》《碧血剑》《鸳鸯刀》。而金庸先生所使用的方法，就是本节将会为大家分享的"字头歌诀法"。

字头歌诀法是将要记忆的内容里取第一个字或者其中一个字（也可以是谐音），组成一句有意义的歌诀，从而方便我们的记忆。

苏东坡在背诵《汉书》时，只要别人提起书中一段话的前几个字，他就能够将后面的内容背诵出来。他是如何做到的呢？原来他看书的时候会抄写每段的前三个字，再读的时候，就只抄前两个字，最后再读时，只抄第一个字就可以背诵整段内容。通过反复地强化记忆，我们可以借由一个字联想起整句话，这也是我们能够运用字头歌诀法的原因。

接下来，我以东盟十国为例来讲讲使用字头歌诀法的步骤。首先我们要知道，东盟十国是东南亚十个国家的联盟，它们包括：

老挝　　马来西亚　　新加坡　　菲律宾　　越南
泰国　　柬埔寨　　　印度尼西亚　文莱　　缅甸

记忆的第一步还是要先熟悉这些国家，看看提取字头能不能想到国家名，比如"老"可不可以想到"老挝"，"印"注意一下是"印度尼西亚"，而不是"印度"，"文莱"不清楚的话就联想记一下，"蚊子来啦"。如果觉得有其他字比字头更便于记忆，也可以替换。比如"文莱"和"缅甸"，如果抽出来是"莱"和"甸"的话，就可以联想成"来电"，好玩又好记。

现在先把字头单独抽出来：老马新菲越，泰柬印文缅。这些字头看起来没有什么关系，接下来就可以通过谐音换字的方法进行记忆。"老马新菲越"读读看，是不是很容易就想到了"老马新飞越"，一匹老的马有了新的飞越；"泰柬印文缅"比较长，我们可以分开来琢磨一下，"泰柬"可以谐音想到"太监"，"印文缅"可以联想成"印文件去面试"。这样，无意义的字头就变成了有意义的画面或情景，就比较好记了。记下歌诀之后，要尝试着还原一下，看能否回想起对应的国家来。

一般想好了字头歌诀之后，可以把它写在课本上或笔记本上，定期复习，检测自己看到某个字能否想到相应的内容，如果想不到可以再去看看原来的内容。另外，还可以尝试录音，在空闲时间反复听。我读高中时，就编了大量的文科知识歌诀，并录制了好多盘磁带，最终将这些知识背得滚瓜烂熟。

字头歌诀法比较灵活，只要三点以上的信息都可以使用。比如《江雪》这首诗"千山鸟飞绝，万径人踪灭。孤舟蓑笠翁，独钓寒江雪。"可以挑选字头"千万孤独"，你只要想象在江中钓鱼有一种千万孤独的感觉，在忘记时就可以通过这种感觉提醒我们下一句诗的开头。再比如，我国的四大石窟——云冈石窟、龙门石窟、麦积山石窟和莫高窟石窟，可以提取字头编成是"云龙卖馍"，想象《亮剑》里的李云龙在石窟里叫卖馍馍。

一些成人考试的问答题也可以，比如我考教师资格证时，有一道题目是"影响问题解决的因素"，包括：

①问题情境与表征方式。

②知识经验与迁移。

③思维定式与功能固着。

④原型启发。

⑤动机强度与情绪状态。

⑥个体智力水平。

我挑取字头并用线画出，变成"问表知移，思定功固，型动情智"，谐音之后是"问表知移，思定巩固，心动情智"，想象你询问现在的时间时，知道表正在移动，你平定思绪后开始巩固知识，有些地方让你的情智心动了。

再来看内容更复杂的一道题：

提高记忆效果的方法有哪些？

①明确记忆目的，增强学习的主动性。

②理解学习材料的意义。

③对材料进行精细加工，促进对知识的理解。

④运用组块化学习策略，合理组织学习材料。

⑤运用多重信息编码方式，提高信息加工处理的质量。

⑥重视复习方法，防止知识遗忘。

我们需要先熟悉每一点的内容，挑取最核心的关键字，有些点可能会有两至三个关键字。挑取的字见下划线，因为这些点顺序可以颠倒，所以可以看看哪些正好能组成词，比如"主""编"组成"主编"，"理""加"谐音为"你家"，"组""复"谐音为"祖父"，最终变成歌诀："你家祖父目主编"，也就是你家祖父看着主编。编完就能记住啦，再尝试回想几次，考试就能够轻松应对了。

字头歌诀法一般由自己编写比较容易记忆，虽然需要花一点时间，费一点脑筋，但是你将对记忆的材料印象非常深刻，会保持很长时间的记忆，在考试时可以提笔就写，这种感觉非常好！

练习时间：

1. 四大佛教名山：峨眉山、九华山、五台山、普陀山。

2. 中国四大名镇：景德镇、佛山镇、汉口镇、朱仙镇。

3. 清末四大谴责小说：《孽海花》《官场现形记》《二十年目睹之怪现状》《老残游记》。

4. 中国十大才子书：《水浒传》《玉娇龙》《好逑传》《三国演义》《平山冷燕》《西厢记》《琵琶记》《花笺记》《斩鬼记》《三合剑》。

参考联想（由国际记忆大师何益鸣、记忆教练布克金提供）：

1. 眉九五普，谐音为"没酒无谱"，没有酒，做起事来就不靠谱。
2. 景口佛朱，谐音为"井口佛珠"。
3. 老官孽二，谐音为"老官孽儿"。
4. 水龙逑三燕，西琵剑斩花。谐音为"水龙求三燕，嬉皮剑斩花"，联想到一条水龙到处求三只燕子，一个嬉皮士用剑斩断花。

第八节 口诀记忆法

"1像铅笔，会写字；2像鸭子，水中游；3像耳朵，听声音；4像小旗，迎风飘；5像秤钩，来买菜；6像哨子，吹声音；7像镰刀，来割草；8像麻花，拧一道；9像蝌蚪，尾巴摇；10像铅笔加鸡蛋。"还记得儿时的口诀吗？我至今还记得很多呢，这就是口诀的魔力，本节将教你如何编口诀记知识！

口诀记忆法就是把识记的材料编成有节奏、有韵律的材料，从而加强记忆的方法。在古希腊时代，人们没有纸和笔等工具，所以一些重要的信息都是以口诀的形式代代相传。而现在在非洲原始部落里，仍然保留着这样的传统，因为他们要传递消息需要走十天半个月，所以把消息编成押韵的口诀或者歌谣来帮助记忆。

口诀记忆法在我国有着悠久的传统，鲁迅的老师章太炎先生说过："儿童记诵，本以谐于唇吻为宜。古人教学，多用于此。"《三字经》《弟子规》《百家姓》《千字文》都是以歌诀的形式，来帮助孩童进行启蒙教育。我们从小也都背过很多口诀，比如，九九乘法歌、英语字母歌、珠算口诀、二十四节气歌等。

1. 归类口诀法

归类口诀法是对记忆材料进行分析、归类的基础上,将材料编成比较好记的口诀的方法,比如周恩来总理曾巧妙地对当时三十个省市和自治区编成这样的口诀:

两湖两广两河山,五江云贵福吉安,

四西二宁青甘陕,还有内台北上天。

第一句是指湖南、湖北、广西、广东、河南、河北、山东、山西。

第二句是指江苏、浙江、江西、黑龙江、新疆、云南、贵州、福建、吉林、安徽。

第三句是指四川、西藏、宁夏、辽宁、青海、甘肃、陕西。

第四句是指内蒙古、台湾、北京、上海、天津。

周总理在编口诀之前先找了规律进行归纳,把类似的内容放在一起用数字来浓缩,不仅是字头相同,只要有某个字的都合在一起,比如"五江"就代表着黑龙江、江西、浙江、新疆、江苏。浓缩之后,编的歌诀记忆起来更轻松了,当然对于浓缩的部分也要记住,我们可以用字头歌诀法去记"五江":黑龙西浙江苏,谐音就是:黑龙洗着新书。

再举一个例子:1984年中央开放了14个沿海城市:温州、宁波、福州、秦皇岛、广州、大连、连云港、天津、南通、上海、北海、烟台、青岛、湛江。

使用归类口诀法首先要看里面有没有同字的,比如"大连"和"连云港"都有一个"连",温州、广州、福州都有一个"州",秦皇岛和青岛都有"岛",我们可以用数字编成"一天两连通三州,烟波江上北两岛"。

编口诀时,可以先在编订前确定每行的字数,是三言、五言还是七言,也可以有一些变化,一般在编定时上下两句尽可能押韵。

2. 提取关键信息法

提取关键信息法，就是从材料中提取最重要的信息，比如关键词或者关键字，然后将其按照一定的格式编成口诀。比如太平天国的事件可以编成："鸦片战，促惊醒，太平天国勃然兴。洪秀全，起金田，宣传斩妖太平天。克永安，定天京，北伐西征旌旗明。颁布《天朝田亩制》，人间天堂分粮均……"

接下来，我们以历代监察制度为例来讲解提取关键信息法的步骤。先来看看不同朝代有哪些监察制度。

秦朝：御史大夫

两汉：刺史制度

隋唐：三省相互牵制和监督

北宋：通判

元朝：御史台

明朝：提刑按察使司和厂卫机构

我先尝试着将前两行编一下找找感觉，因为涉及朝代和制度，一共有四个信息点，所以我来用了七言式，编成了"秦朝御史两汉刺"，谐音一下就变成了"秦朝鱼死了留下两行刺"。接下来我顺着这个思路向下编，"隋唐"想到了"水塘"，"三省"自然想到是"三声"，"通判"的"通"和"桶"谐音，正好都和鱼有关系，于是接下来就是"水塘三声被送桶"。接下来还有两个内容，为了凑成两句，元朝的可以单独成一句，变成"猿人来把死鱼抬"。最后一句"提刑按察使司"想到了"暗察"，"朝"还有一个读音 zhāo，"明朝"有明天的意思，所以这句变成了"明朝厂卫暗察死。"

我把它们写在一起就变成了：

秦朝鱼死两行刺，

水塘三声被送桶。

猿人来把死鱼抬,

明朝厂卫暗察死。

从情境上来说还说得通,秦朝鱼死了留下两行刺,被扔进水塘后发出了三声响声,随后被送进桶里了,猿人过来把死鱼抬起来了,明天厂卫会过来暗察死鱼的原因。如果觉得这个口诀还有不够好的地方,读一两遍后可以修改细节,将最终的版本写在书本上,然后再牢记在脑中。记完口诀之后,还要根据口诀内容来回忆原文。如果有想不起来的地方,还需要强化记忆。

3. 罗列法

罗列法,就是将要记忆的信息分条罗列在口诀里,我们以标点符号的口诀为例:

一句话说完,画个小圆圈(。句号)

中间要停顿,小圆点带尖(,逗号)

并列词句间,点个瓜子点(、顿号)

并列分句间,圆点加逗号(;分号)

疑惑与发问,耳朵坠耳环(?问号)

命令或感叹,滴水下屋檐(!感叹号)

这一类口诀特别多,各门学科都能在网上找到很多,我们可以参考之后进行调整,变成适合自己的口诀。

运用口诀记忆法需要启动左脑的分析和归纳能力,同时需要发挥右脑的想象力和创造力,编好口诀后经常默诵或者录音听诵,会让知识牢固地储存在你的脑海里。虽然刚开始编口诀会有些麻烦,但是却是"磨刀不误砍柴工"哦!你编的口诀越多,编的速度就越快,以后记忆的效率也越高!学完马上去用吧!

第九节
绘图记忆法

爱因斯坦说:"我的所有点子都是通过画图得来的。语言只不过是我用来向别人解释我的想法的工具。"本节我们要像天才一样来思考,用绘图来牢记知识!

《中国中学生报》第970期发表的一位语文老师的文章中写道:

朱自清的《春》第三段是这么写的:"小草偷偷地从土里钻出来,嫩嫩的,绿绿的。园子里,田野里,瞧去,一大片一大片满是的。坐着,躺着,打两个滚,踢几脚球,赛几趟跑,捉几回迷藏。风轻悄悄的,草软绵绵的。"我看到一位初一的同学,拿着一个纸片,两分钟就把这65个字的段落背得滚瓜烂熟。

我请他解释,他笑吟吟地说:"我画的小草中间有一条横线,代表课文中的一句'小草偷偷地从土里钻出来'。为什么画两棵小草呢?因为这句后面有两个词'嫩嫩的,绿绿的'。那大小两个圆圈代表书中的'园子里,田野里',看着圆圈就会想到'瞧去,一大片一大片满是的'。"下面那几个符号他一一指着向我说明:"坐着,躺着,打两个滚(两圆圈),踢几脚球,赛几趟跑,捉几回迷藏。"他又指着右边的斜线说："这代表'风轻悄悄的'，'风'下歪着的小草代表'草软绵绵的'。"

这位同学将需要记忆的资料转化成图画的方式，就是绘图记忆法，著名作家马克·吐温曾经通过它解决了记不住演讲稿的难题。

我们前面讲解的很多方法，都是在脑海中浮现出图像，但是脑图会随着时间推移慢慢遗忘，所以我们需要用文字记录下记忆的方式，而另一种直观有效的方式就是绘图。

图像锁链法和万物定桩法，是我使用绘画来辅助的最常用的两种方法。我参加教师资格证考试时，就有大量的绘图记忆作品，我各举一个案例来说明我的思路。

第一个是"小学生德育的原则"，包括：

①导向性原则；

②知行统一原则；

③尊重学生与严格要求相结合原则；

④教育的一致性和连贯性原则；

⑤因材施教原则；

⑥长善救失原则；

⑦集体教育和个别教育相结合原则；

⑧疏导性原则；

⑨正面教育和纪律约束相结合原则。

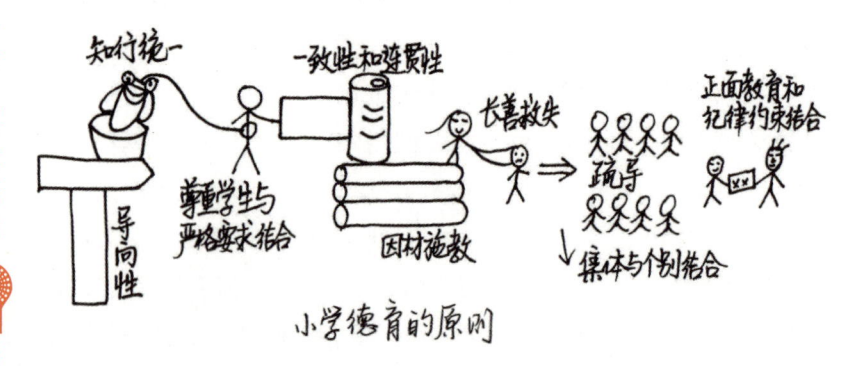

我是用图像锁链法来帮助记忆的，绘图时用简笔画呈现。"导向性"我画了一个指路的方向标，"知行统一"想到知了行走在统一方便面上，怎么和方向标联想呢？把方便面画在方向标上。"尊重学生"想到对学生作揖，"严格要求"想象腰上系紧了一个球，我假设知了前倾是在作揖，它吐出线将球紧紧系在了学生身上。

接下来，"教育的一致性和连贯性"，"一致"谐音为"一纸"，"连贯"谐音为"连罐"。在学生手上，我画了一张纸，这张纸连着一个易拉罐。"因材施教"比较熟悉，提取关键字"材"，在易拉罐下面画了一堆木材。木材的另一端，我画了一个跳舞的女子，她把长袖子扔下去，救了失足少年，这代表"长善救失"。

再来看"集体教育和个别教育相结合"，被救的失足少年是个别的孩子，把他送回到集体，我画了八个火柴人来代表。火柴人中间留出一条道，大家一路在疏导这位失足少年，代表"疏导性"。少年到了老师面前，老师对他进行了正面教育，然后将纪律手册交给他，这就记住了"正面教育和纪律约束相结合"。

我大概花了四分钟构思并完成了这幅绘图，画完之后，在相应的图像处写上文字。图文结合，效果更佳。使用图像锁链法来绘图时要注意：

（1）图像与图像之间最好能彼此接触，而不是一个个孤立地呈现。如果只是分别将每个点画成图像，就不容易由一个想到下一个。

（2）整个锁链的视觉走向要很清晰，而且有一些高低错落的变化。如果排成一条直线，或者都挤成一团，在回忆时可能会有难度。

（3）绘图时尽量用最简单的图像，人物用火柴人即可，其他形象自己能辨认即可，不宜过度追求艺术性，将两分钟能记住的知识，花了一个多小时才画完。本书中有些配图是帮助读者来想象画面的，所以会画得漂亮一些，和自己用来记忆的绘图记忆法不同。

（4）绘图时我一般用单色笔，文字用另一种颜色来突出。有时，我也会选择用彩色笔，将不同内容的图像进行区分。一般情况下，我不会在涂色上耗费太多的时间。如果在回忆时经常忘记某一点，可以考虑为该图像涂色来强化。

绘完图之后，可以按顺序看一遍，尝试遮住后面的内容。然后，从第一个图来回忆第二个，由第二个图来回忆第三个，一直到结束。之后，我会闭上眼睛，将在脑海中浮现整张图，并且根据这些图来回忆内容。如果有无法想起图像或内容，我会再次进行复习和强化，直到完全记住。

再来看第二个案例，我尝试用万物定桩法来绘图。

一堂好课的标准：

①目标明确；

②态度从容；

③内容正确；

④方法得当；

⑤结构合理；

⑥语言艺术；

⑦板书有序；

⑧充分发挥学生的主体性。

由"一堂好课"想到了老师，由内容里的"目""语言"想到眼睛、嘴巴，于是就决定用身体部位来定桩。因为这些内容可以打乱顺序，所以我会观察哪些和身体部位比较容易联想。

①目标明确。我在眼睛处画出了光芒，表示眼睛很明亮。

②态度从容。把鼻子画成了温度计（态度），它也很像毛毛虫（从容）。

③内容正确。左手拿的容器里面打了一个对号。

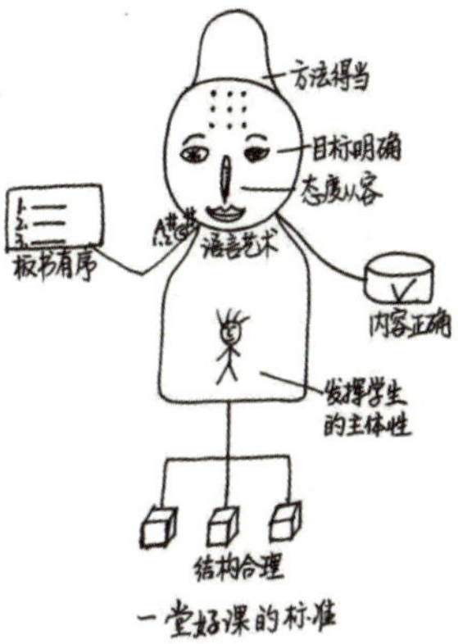

④方法得当。"方法"想到方丈法海（影视剧《新白娘子传奇》《白蛇：缘起》里的人物）头上有九个点，于是在头上点了九个点，还顶着一个铃铛（得当）。

⑤结构合理。把腿画成了组织结构图，吊着的都是小盒子（合理）。

⑥语言艺术。嘴巴在发言，说出了很多奇怪的符号。

⑦板书有序。右手在黑板上写出板书：1，2，3。

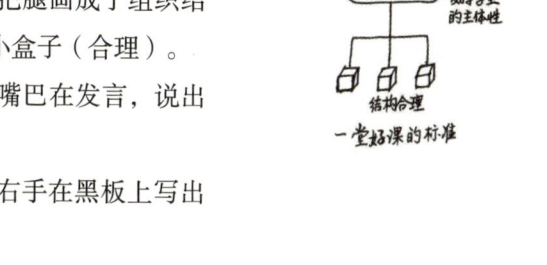

⑧充分发挥学生的主体性。在身体（主体）穿的衣服上画着学生，他的头发在挥舞（发挥）。

使用万物定桩法来绘图时，要注意以下细节：

（1）可以先画出用来定桩的物品，在对应的部位加上联想的内容，比如③④。也可以将物品的某个部位替换成联想的内容，比如②⑤。初学者，建议提前全部都构思好再动笔画，熟练之后可边想边画。

（2）如果是在对应的部位联想，最好要和桩子有接触，而不是隔得很远画出联想的形象，或者只是用文字标注内容，这样都不太有助于回忆。

（3）用来定桩的物品，如果和题目有一定的关联，回忆时会更容易一些。有一种特殊的技巧，可以在教材或打印的图片上绘图，这样会节约一点时间。

（4）当要记忆的某个信息比较长时，如果能够挑取关键信息或使用字头歌诀法简化，再定桩时会更简单。也可以结合图像锁链法来绘图呈现，比如，假设"方法得当、态度从容、板书有序"是一个点，可以在头顶的铃铛上画出温度计，它正在黑板上写板书。

绘图记忆完毕后，请你尝试闭眼回想桩子，依次想到相应的形象，并且回忆出文字内容吧。如果有想不到的，就再复习强化一下，假设有些细节不能通过图像回忆出来，还可以在绘图上进行补充，比如"语言艺术"总是回忆不出"艺术"，可以添加上画笔或调色盘的形象。

绘图记忆法其实很简单，并不需要你成为艺术家，只要你画的东西自己能认出来就好，所以大胆去画吧。我常自嘲，我是"灵魂画手""野兽派画手"，特别是我在面授课上画的画，给了很多自称不会画画的学员信心。

如果遇到有些图实在画不出来，比如斑马，可以在网络搜索"斑马 简笔画"即可，你也可以买一本简笔画的书籍来参考，多画几次就会了。同时要提醒本来就是绘画高手的读者，切不可把绘图记忆法等同于艺术创作哦，极简主义，实用至上。

在《记忆魔法师：学习考试实用记忆宝典》里，我对绘图记忆法进行了更深入的讲解，包括八种"框架图示法"，你可以作为延伸学习的素材。

练习时间：

1. 中国最著名的五座山合称"五岳"，请将五岳的方位和所在的省份记忆下来。

东岳——泰山——山东

西岳——华山——陕西

南岳——衡山——湖南

北岳——恒山——山西

中岳——嵩山——河南

2. 1860年中英、中法《北京条约》的主要内容。

①清政府承认《天津条约》有效;

②增开天津为商埠;

③割让九龙司地方一区给英国;

④准许英、法招募华工出国;

⑤对英、法两国赔款各增至800万两白银。

参考绘图:

1.下图由张水晶构思,国际一级记忆裁判官晶绘图。

因为要记忆"五岳",所以用一座山的方位来定桩:

东岳是山东的泰山,"泰"谐音为"太",在东边画出一个太阳。

西岳是陕西的华山,"华"谐音为"花","陕西"的"陕"谐音为"闪",在西边画出闪闪发光的一朵花。

中岳是河南的嵩山,"嵩"谐音成"松",松树画在山中间的一条河的南边。

北岳是山西的恒山,山西想到了黑黑的煤炭,"恒"联想到"恒心",用爱心来表示,把一颗黑色的心画在山的北面。

南岳是湖南的衡山,"衡"想到"平衡木",在山的南边有一个湖,湖的南边有人在跳平衡木。

2. 下图由国际一级记忆裁判官晶绘制。

中间两张国旗脸的人，分别代表法国、英国，他们一个挂着腰包（18），一个手拿榴梿（60），代表签署时间是1860年。利用这两个人的身体部位和空间方位来定桩记忆。

《天津条约》想到天津的狗不理包子，"有效"想到条约上打上"√"，由"商埠"想到交易的购物车，包子放进了购物车里。

"割让九龙司"想到英国用锯子割形状像9的龙。

法、英身后跟随着许多清朝人，代表"准许招募华工出国"。

两人的身前有两箱白银，表示赔款各增至800万两。

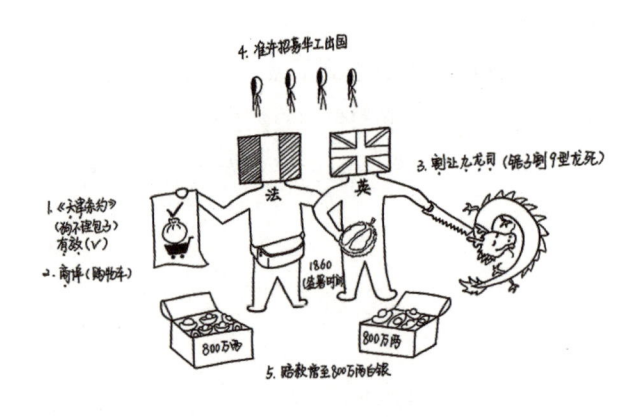

第五章 • 记忆也要讲策略

在《最强大脑》的舞台上,选手们都是掌握了各种记忆方法的高手。在激烈的竞争中,比的就是谁能够用更好的记忆策略,既准确又省时地完成挑战。所谓"策略",就是首先要分析挑战项目的特点,挑选最佳的记忆方法、复习方案和提取方法,并且按照一定的步骤实现记忆目标!如果把记忆方法比作士兵手中的武器,那么记忆策略就是将军手中的指挥图。只有两者结合,才能战无不胜。

比如李云龙挑战的"盲指过天桥",120个阶梯只有红色和绿色,其实就相当于是0、1组成的二进制。这是世界记忆锦标赛的项目,120个二进制就相当于是40个十进制,在39秒内记忆下来很充裕。另外,由于每个阶梯下面都有对应的数字,我们可以快速瞥一眼,看看哪种颜色较少,就将它用地点定桩法或者锁链故事法记住,这样能迅速完成挑战。

据数据调查显示,小学低年级的学生一般是采用死记硬背的方法,到四年级特别是初中阶段,一些学生可以明确判断出哪种类型的知识好记,并且对于不好记的知识会有意识地采取适当的记忆方式。他们知道在合适的时间对所记的知识进行复习。但遗憾的是,大部分学生仍然对于记忆策略一无所知,本章将为你揭秘部分记忆心理学里的策略!

请你先来阅读这篇文章，我以此为例来分享高效记忆的策略。

15个增强记忆力的好习惯

有人问知名的神经学家斯默尔医师："年龄多大就太迟了？就算改变坏习惯，也不能保护自己的脑子了？"

斯默尔医师说："请听我大声说明白，永远不嫌晚，只要今天开始改变生活形态，就可以开始修复昨天的损伤。"为了保持大脑的年轻状态，必须改变生活习惯。这些习惯不仅有益于大脑健康，多数也能维持体能强健，不仅你的身体，连你的大脑也会变年轻。

1. 细嚼慢咽

日本神经内科医学博士米山公启说："老人家愈缺少健全牙齿，罹患失智症的比例愈高。"因为咀嚼时，大脑皮质区的血液循环量会增加，而且咀嚼也会激发脑神经的活动。

2. 晒太阳

台中荣及总医院老人身心科主任卓良珍也建议，预防失智要多外出走走，晒晒太阳。因为阳光能促进神经生长因子的产生，像"长头发"一样，使神经纤维增长。目前已经有专家研究日照量是否与失智症的发展有关，虽暂无定论，但每天接受阳光照射至少有助于形成良好的睡眠模式，比较不容易忧郁。

3. 列清单

"无论任何年纪，健全记忆运作关键都在于注意力。"美国纽约西奈山医学院记忆增强计划执行主任史威尔医师说。他建议，通过列出工作清单，为每日工作设立一个严格的程序。无论工作困难与否，都有助于完成工作。所以你可以试试让自己在中午11点半再查看邮件，或者在工作完成到某个阶段再回复一些非紧急的电话，或者在付完账单后再做别的事。

4. 吃早餐

吃早餐不仅为了健康，也为了大脑。过去常有人说小孩不吃早餐就无法专心上课，这是对的。因为大脑没有储存葡萄糖的结构，需要随时供应热量。经过一夜的消耗，大脑的血糖浓度偏低，如果不及时供应热量，你会感到困倦、易怒，也难以学习新知识。

5. 开车系安全带，骑车戴安全帽

头骨虽然很硬，大脑却非常脆弱。无论年龄大小，脑损伤对人的一生影响极大。你开车时会不系安全带或边开车边讲电话吗？请戒掉有脑损伤风险的行为，也避免做重创脑部的运动。

6. 做家事

别小看做家事，做家事不仅要用脑规划工作次序，还要安排居家空间。晒棉被、衣服需要伸展身体，使用吸尘器也会锻炼到下半身肌肉。只要运用肌肉，就能激活大脑额叶的运动区。此外，将油腻的碗盘洗干净，将凌乱的房间整理干净，所带来的成就感也能为大脑带来快感。

7. 多喝水

大脑有八成是水，缺水会妨碍思考。临床神经科学家、精神

科医师亚蒙曾经为一位知名的健美先生做过脑部扫描，发现他的脑部影像很像毒瘾患者，但他本人强烈否认。后来得知，他拍照前为了让自己看起来很瘦，曾大量失水，而扫描的前一天他才刚拍过照。后来补充水分补充，他的脑部影像看起来正常多了。

8．跟人笑笑打招呼

主动和别人打招呼吧。打招呼不但能增进人际互动，降低患忧郁症的风险，而且为了主动打招呼，你要记住对方的人名与外貌特征，也能提高你的记忆力。

9．每周走一条新路

打破常规、尝试不熟悉的事可以激发短期记忆，提示大脑解读信息的能力。例如，你可以尝试改变每天从家里走到车站的路线，或是改变每天下车的车站，尝试早一站或晚一站下车，或改变每天坐车的时间。单是做这项，就能对前额叶产生刺激。

10．健走

身体懒得动对大脑来说是一种负担。有氧运动最好，可以加速心跳，而且有些动作需要四肢协调，可以活化小脑，促进思考，提高认知和信息处理的速度。

有氧运动很简单，穿上球鞋出门健走即可。美国伊利诺伊大学研究发现，每周健走3次、每次50分钟就能提高思维的敏捷性。

11．深呼吸

当你感到焦虑时，做什么都难。某大脑网站负责人芙南达兹提供了一个巧妙的冥想法：闭上眼睛，用大拇指按住小拇指，想象运动后美好的感觉，深呼吸 30 秒。然后用大拇指按住无名指，想象任何你喜欢的事物 30 秒，接着按中指回忆一个受到关爱的时刻 30 秒，最后按食指回忆一个美丽的地方 30 秒。

12．看电视少于 1 小时

看电视通常不需用到脑，所以愈少这么做愈好。澳洲的研究人员在网络上测试 29 500 人的长期记忆与短期记忆，发现记忆力较好的人每天看电视的时间少于 1 小时。

13．吃叶酸和维生素 B12

这两种维生素可以控制血液中会伤害大脑的同型半胱氨酸。富含叶酸的食物如四季豆、芦笋等，富含维生素 B12 的食物如鲑鱼、沙丁鱼等。需要注意的是，维生素 B12 只存在于荤食中，素食者要特别补充维生素。

14．吃香喝辣

吃咖喱可以预防失智，因为咖喱中的姜黄素是一种高效能的抗氧化剂，可以抑制氧化作用伤害细胞，还能预防脑细胞突触消失。姜黄素不只存在于咖喱中，还存在于黄芥末中。

15．每天都要用牙线

美国对 20 ~ 59 岁上千个个案的研究发现，牙龈炎、牙周病与晚年认知功能障碍有关。所以，要听从牙医的建议，每天都要使用牙线，每次刷牙的时间至少要超过 2 分钟。

现在，我们来回答几个问题：

1. 这15个增强记忆力的好习惯分别是哪些？
2. 请问以下哪些是上文提到的好习惯：A.早睡早起 B.要吃早餐 C.冥想法 D.健身 E.吃咖喱。
3. "只要每周健走3次、每次50分钟就能使思考敏捷"这个观点，是美国哪所大学发现的？
4. 澳洲的研究人员在网络上测试了多少人的长期记忆与短期记忆，才发现记忆力较好的人每天看电视的时间少于1小时。
5. 请说说为什么要养成列清单的好习惯？
6. 请一字不漏地背诵出"每天都要用牙线"这个习惯的正文内容。

你回答的结果怎么样？

你可能会发现，第1道题至少说出10个没有多大问题，但要完全按照顺序正确说出来，还是挺有难度的，而第2道题你则可以选择出正确的答案，这说明复述知识和判断知识有否出现的难度是有差别的。

第3、4题可能会出现卡壳的现象，因为名字和数字并不容易记忆，而你的焦点主要在15个好习惯上面，对于这些细节，你可能觉得它们并不是很重要，所以你可能有印象，也可能压根就想不起来，这说明你的心理认知会影响记忆的效果。

而第5题虽然正文内容很多，你却可以基本上复述出来，但是要完成第6题的一字不漏复述，却是让你屡屡碰壁，这是因为模糊记忆和精准记忆是有差别的。文字较多的内容要达到精准记忆必须要经过多次重复才可以实现。

从这些区别里我们知道，我们的目标不一样，我们采取的策略也不一样，所以我们一起来看看第一个策略：明确目标！

第一节
明确目标

心理专家曾经做过一个测试，让两个即将参加中考的学生同时记忆一段材料，一个被告知仅仅是在做一个试验，另一个则被告知有可能是中考的题目。结果，第二个学生的记忆成绩远远好过了第一个学生。为什么会有这样的差异呢？这是因为记忆的好坏与是否有目标很有关系。

有目标的记忆也叫有意记忆，指的是记忆者有明确的目的或任务，并据此采取合适的方法来记忆某种材料。当我们记忆目的明确时，大脑就处于高度活动状态，大脑皮层形成兴奋中枢而注意力集中，接受外来信息相对主动，大脑皮层会留下更清晰、深刻的印象。

在对一个信息进行记忆时，如果没有告诉我们检测的方式、记忆的时间和数量，我们就会不知从何下手。世界记忆锦标赛有一个项目是虚拟和未来事件的年代记忆，类似于"1248年，外星人袭击地球"这样的形式，比赛会提供100多个事件，需要在5分钟时间内尽可能记住更多事件对应的年代，年代在1000～2099之间，在答题时将所有年代都去掉，事件重新打乱顺序，然后要求在事件前写上年代，4个数字全部正确才可以得1分，如果出现错误则倒扣0.5分，不写不得分。

根据这些规则，我们就可以确定记忆的策略，因为只有5分钟，而且没写的不得分，所以为了记住更多，只能看一遍，记住多少算多少；因为年代在1000～2099之间，所以除了20开头的，其他的前面都是1，只需要记住后面三位即可，国外选手多数使用的数字代码为000～999的，记忆时只需要用数字代码和年代的关键词联想即可；因为4个数字完全正确才得分，每个错误的年份会倒扣0.5分，所以记忆时一定要准确，答题时要慎重，记不全的就不写。

通过上面的小例子，我们应该大致明白了什么是记忆策略，而明确目标就是从质量目标、时间目标和数量目标三个方面来衡量，我们一起来看看。

1. 质量目标

质量目标背后的问题是：我为什么要记忆这个信息？比如，你只是想了解有哪些增强记忆的习惯，然后尝试一下其中几种，你就只需要记住几个你认为简单易行的习惯；如果你的目标是想把15个习惯按顺序背诵，那么可以使用锁链故事法、数字定桩法或者是地点定桩法等；如果你的目标是想以此为题做一个报告或演讲，恐怕你还需要记住人名、地名还有一些相关的数字，以及某些人的观点等，需要挑选出值得你去记忆的。

当然，最痛苦的是，假设有人逼着你把这篇文章全部背诵下来，一字不漏，你就需要费一些脑细胞了，需要采取分段各个击破和及时复习等策略。我们平时背诵语文和英语文章老师会有这样的要求，有学生问我："我们为什么要一字不漏地背诵文章呢？"我的回答是："这是对记忆品质的最高要求，需要灵活采用记忆策略和方法，以及采取科学复习的策略,来挽救我们随时在流逝的记忆,所以一字不漏的记忆,就可以比喻成是一场与遗忘做斗争的战争。在不断打胜仗的过程中,我们的大脑进化得更加完美,它是最简单易行的健脑操。"俄国文豪列夫·托尔斯泰说:"背诵是记忆力的体操。"他每天清晨起床后都要背诵一些文章,这样才让他博闻强记,写出《战争与和平》等巨著。

2. 时间目标

时间目标也就是我们需要花多长的时间将材料记忆下来,以及我们要记忆的信息要保持多长的时间。如果想训练短时记忆的速度和准确率,最好给自己限定记忆的时间,我们大脑最佳的状态是适度的紧张。如果给自己1个小时记住这15个习惯,大脑没有什么压力,反而浪费了大量的时间,而给自己限定在2分钟,你的记忆潜能就会爆发出来,记忆速度会越来越快,效果也会越来越好!所以,平时在背书时先预估一下时间,然后用手机或者秒表倒计时,效果更好!

如果记忆材料很长、很单调,大脑皮层容易疲劳,记忆效果就不理想。如果想达到最佳的长期记忆效果,则可以考虑使用"切割学习法"。心理学家曾做过一个测试,以历史和经济的材料做实验,让被测试者读2~4页的内容,共读5次。读法分两种,一种是在1天读完,另一种是每天读1次,共读5天。然后在各种不同的时间间隔下测验其记忆效果。

结果两种方法的平均效果是这样的:1天读5次,第二天回忆,记忆率为60%;每天读1次,分5天读完,次日回忆,记忆率为64.4%;1天读5次,1个月后回忆,结果为11.49%;每天读1次,分5天读,1个月后回忆,结果为30.59%,可见切割学习法对于长时记忆的效果非常好。但要注意,如果是少量的记忆信息,则没有必要使用切割学习法,另外也不要切割得太零碎,每次学习时间不要少于

12分钟,而且间隔学习时间要在一天之内。

3. 数量目标

数量目标指规定时间内我们记忆信息的量,比如1个小时我们可以记住多少英语单词。我们可以通过每次限定时间,不断刷新自己1小时记单词的数量,这样清晰呈现出来的进步,会让我们的记忆潜能进一步开发。这也是为什么专业的记忆比赛选手比非选手更容易坚持记忆训练的原因,因为不断在进步中积累成就感,让自己能够找到训练的乐趣!

另外,我们还可以把数量多的记忆目标细分为一些小目标,这样记忆起来会更加轻松。美国心理学家约翰·米勒曾对短时记忆的广度进行过比较精确的测定:测定正常成年人一次的记忆广度为 7 ± 2 项内容,多于7项内容则记忆效果不佳,这就是"魔力之七"法则。这个"七"既可以是7个字符,也可以是7个汉字,或7组双音词、7组四字成语,甚至于7句七言诗词,是根据我们的理解水平而言的。比如"武汉大学"这4个字,对于刚刚会认字的小孩子来说,就是4项内容,对于武汉大学的学生而言,则只有1项内容,因为在校门口牌坊上经常可以看到,非常熟悉。

我们在记忆时可利用"魔力之七"法则,把需要记忆的内容分成组,每一个组在7个以内,这样记忆起来会更加轻松。比如要记忆《百家姓》前面的100个姓氏,若是一个一个地记,就得记100组,若按"赵钱孙李"这样以4个为一组记,则只需记25组,25组与100组相比,记忆效率当然会提高了。对于前文提到的"15个增强记忆力的好习惯",我们也可以每5个为一组,分成3组,记忆起来就轻松多了。平时记忆单词时也可以以7个为一组,当我们通过训练对单词记忆非常熟练之后,也可以增加每组的个数。

第二节 精选记忆

爱因斯坦在读书时，他只找出能够把自己引到深处的东西，把一切使头脑负担过重和损害记忆要点的东西抛掉，这样才使他成为优秀的物理学家。他在获得诺贝尔奖时，一群年轻人想考他的记忆力，就问："声音在空气中的传播速度是多少？"他幽默地答道："关于这个问题，十分遗憾，确切的数字我答不上来，不过这完全可以在物理课本上找到答案，而我的头脑要留着思考书本上还没有的东西。"爱因斯坦给我们的启示是：记忆需要精选！

精选记忆是在明确目标的基础上，对记忆材料加以取舍，从而决定重点记哪些，略记哪些，这种记忆策略叫作精选记忆。据说在古时候，有的人记忆力极好，甚至可以把任何文章都倒背如流，过目不忘。可是郑板桥却看不起这种人，把他们叫作"没分晓的钝汉"。怎么个没分晓？就是不分主次、轻重，不管有用、无用，一股脑儿全都背下来。

当代语言学家吕叔湘说："各门学科都有一些基本的知识要

记住，基本公式、规律要记住，这是不错的，但是，不是所有的七零八碎的烦琐的东西都要记住。"

这当然不是给各位学生不去记东西找到借口，而是说明记忆需要有选择，牵牛要牵牛鼻子，好钢要用在刀刃上。比如，教材和笔记中很多详细的说明性文字、同一类型的很多道习题、非重点的内容、可以根据其他公式推导出来的那些较复杂难记的公式等，可以根据情况次要看待。这样，就可以拿出主要精力记忆那些对考试来说最重要、最有意义、最有价值的材料，比如说公式、定义、定理、定律等。学习好的人，往往善于抓住重点、抓住精髓，达到事半功倍的效果。

我们平时在各个科目中，其实很多也体现了精选的原则，比如化学元素周期表有很多元素，我们只记住常用元素的一些数值，圆周率非常长，我们只记住 3.141 592 6，一些英语单词的意思非常多，但我们只记住常用的意思，这些都是老师或者课本在帮助我们进行精选。

精选记忆是我们运用记忆方法进行记忆的前奏，我们一般有三种方式来进行精选。

1. 画出重点

比如将前文的 15 个增加记忆力的习惯记忆下来并做一个演讲，我们不妨先把整章的材料看一遍，然后看下一遍时把注意力放在细节上，这一次慢慢看，并且仔细地读。找出表达的重点将它画线，或做出一些特定的记号，以便记忆时能很快找到它们。但是不要把整章的每一句都画上记号，画的重点太多等于没有重点，或者说还没有找到重要的概念。心理学家发现，成绩优秀的学生所画的重点往往少于成绩差的。

我们举个例子：

日本神经内科医学博士米山公启说："老人家愈缺少健全牙齿，罹患失智症的比例愈高。因为咀嚼时，大脑皮质区的血液循环量会增加，而且咀嚼也会激发脑神经的活动。"

这一个习惯用两句话来说明，关键词是"牙齿""失智症""血液循环量""脑神经"，我们可以用笔将这些词画上圈，或者是在下面画上线，让重点的信息突出出来。如果你想精准记忆下来，那么"神经内科医学博士""米山公启"也需要记忆，相比较而言，这属于其次的内容，也就是说，如果记不下来可以在演讲时替换成"据专家研究发现"，所以这个可以用另一种颜色的笔或者另一种符号来标注。我们可以用特定的符号加以区别：

————重要的内容

～～～～～～较重要的内容

====很重要的内容

≡≡≡≡最重要的内容

另外，我们还可以使用荧光笔或彩笔来精选，用不同的颜色来区分记忆的重点。比如特别需要记忆而又特别难记的，用红色的笔全部涂上，这样会吸引我们大脑的注意力，而对于次要一些的信息，则可以使用浅蓝色等，再次要的可以使用彩笔在下面画线。

2. 概括重点

概括是在对材料熟悉和理解的基础上，提取出关键的信息，我们在学习过程中，经常会要求概括段落大意和中心思想，这就是有意识的概括训练。概括后信息的特点是简化、系统，大大减轻记忆负担，提高记忆效率。

（1）**顺序概括**。把识记材料按原顺序概括，记忆时突出顺序性。这样概括起来顺口，记起来方便，需要回忆时，再添上内容就行了。如：实验室制取氧气，并用排水法收集氧气的步骤概括为"一检二装三固定，四满五热六收集，七移导管八熄灯"。根据化合价写化学式的步骤概括为"一排顺序二标价，三约简再交叉"。鉴别物质的过程归纳为"一取样，二配液，三操作，四现象，五结论"。

（2）**数字概括**。如：拉美革命的过程可概括为"一场革命、两个阶段（1810～1815；1816～1826）、三个中心（墨西哥、委内瑞拉、阿根廷）、三个领导人（伊达尔哥、玻利瓦尔、圣马丁）、反对二个殖民者（葡萄牙、西班牙）、一场决战（阿亚库巧战役）"，即"123321"就可以将整个拉美革命进程完全掌握。

（3）**要点概括**。比如历史知识，对于人物、事件、著作等类别的名词，我们可以用五个要点进行概括，即：①时间；②地点；③人物；④内容；⑤评价或意义，如：《孙子兵法》可这样概括：①春秋时期；②吴国；③军事家孙武所著；④总结了前人及自己作战经验写成《孙子兵法》；⑤世界闻名的古代兵书。

3. 做笔记

我们学习课本知识时，重点的知识往往淹没在其中，做笔记是一种很好的提取方式。做笔记的方式非常多，在此我们分享几种：

（1）**目录式**。从课本中提取核心知识要点，一般是黑体字或者粗体字部分，或者是用1、2、3等序号标注的部分，一条条罗列下来，一般形式类似于目录，可以让我们更集中、更快速地找到要记忆的信息。科学研究表明，信息的排版方式对我们的记忆会产生一定的影响,集中排列的信息比分散的信息更容易记住。

比如:竞争的作用有哪些?

第一,积极作用

①给予目标和动力,激发潜能,促进学习提升;

②促使我们客观评价自己,提升自己的不足。

第二,消极作用

①可能使获胜者骄傲,失败者自卑;

②压力可能使心情过分紧张。

(2)知识结构图。知识结构图是指把所学内容进行整理并绘制成比较系统完整的知识结构图示,它在心理学中被称为知识网络图。下图是小学四年级上册的数学知识的结构图。绘图时我们需要将知识的逻辑关系理清,在绘制时先在最左边写出主题,然后画一个大括号,括号后面是主题分出的重点,每个重点之后有一些并列关系的次重点,所以一张图可以很清晰地将知识间的联系表达出来。

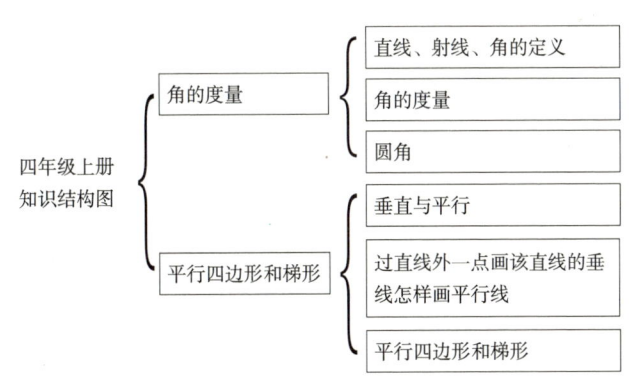

四年级上册知识结构图
- 角的度量
  - 直线、射线、角的定义
  - 角的度量
  - 圆角
- 平行四边形和梯形
  - 垂直与平行
  - 过直线外一点画该直线的垂线怎样画平行线
  - 平行四边形和梯形

(3)思维导图。在《读懂一本书:樊登读书法》里,樊登老师大量提到"思维导图",他说:"看完一本书的时候我记不住什么,但每次我绘制完一本书的思维导图,并且在录制的时候讲一遍之后,这本书80%的内容就都被我记住了,而且很难忘掉。""我认为这是一种高效的'知识输出法'。我每看完一本书之后都会用思维导图将其进行梳理,这种方法在知识吸收上很有优势,一是看起来非常清晰明了,二是动笔写过的内容更容易在大脑中获得长期记忆。"

思维导图的绘制有软件绘制和手绘两种方式,软件绘制比较省时省力。一般来说,软件绘制在职场中比较流行,老师用PPT讲课时也会经常使用。我常用的软件包括XMind、iMindMap等,WPS等办公软件也可以画思维导图。

另一种方式是手绘,"标准"的手绘思维导图对于绘画有一定的要求,包括中心图、插图、色彩等部分,本书也有文魁大脑导图战队导师庄晓娟、李幸漪绘制的艺术思维导图,她们都非常热爱绘画。不过,如果以此为绘制导图的标准,可能会让大部分人望而却步,而且学生会抱怨绘制导图太耗时间了。

我之前也追求过画得漂亮和遵守规则,2021年还参加了"世界思维导图精英挑战赛",参赛作品要根据规则来严格打分,我在"听记导图"项目获得成年组亚军,我逊在绘图的颜值。比赛让我进行了深入思考,在看到樊登老师书里的导图后,我放下了对"艺术思维导图"的执着,更追求思维导图的实用性,回归到"极简思维导图"的形式,即仅保留思维导图的形式,力求简单、灵活。

我在2007年备考研究生时,用单色笔画了上百幅纯文字版的《中国古代文学史》思维导图,通过梳理让知识变得更清晰好记了。下面这张图是我2021年重绘的《魏晋南北朝小说》章节的思维导图,中心图写明主题,关键词写在线上,没有插图和色彩,也能清晰呈现出知识体系。

第五章 记忆也要讲策略

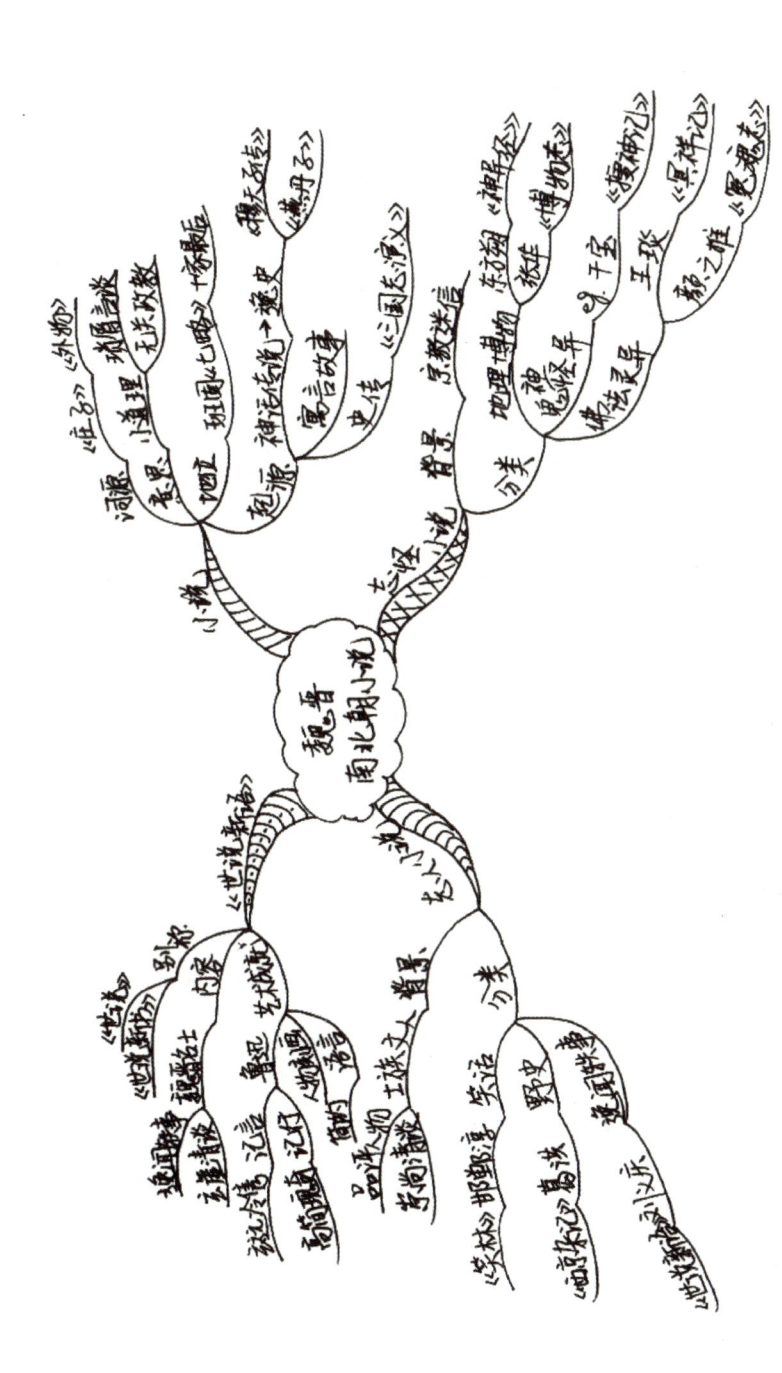

曾任武大记忆协会会长的刘大炜，通过这种"极简思维导图"，两个多月就考取了武大研究生，他拿着政治学科的思维导图和我说："这些思维导图，我考试时闭上眼睛就能回想出所有内容，考试的时候心有导图，胸有成竹！"

（4）知识表格。用表格的形式，更加直观地进行知识呈现，在进行知识点之间的比较时很方便。比如下表为九年级化学课本里的"物理变化和化学变化的比较"。

	物理变化	化学变化
定 义	没有生成其他物质的变化	生成其他物质的变化
常见现象	物质的状态、形状可能发生变化，可能有发光、放热等现象出现	颜色改变、放出气体、生成沉淀等，并吸热、放热、发光等。
本质区别	是否有新物质生成	
实 质	构成物质的分子是否发生变化	

这四种做笔记的方法都建立在对材料理解的基础上，需要一定的分析和综合的能力，因此年龄偏小的读者可以借鉴一些参考书上的笔记，并且自己进行模仿、增减，使这些笔记为自己所用。使用精选笔记时，要因材料的情况而使用，很短的材料没有必要，在书上本来就比较集中的内容也没有必要。做笔记时，我们也可以用彩笔和不同的符号来突出重点。

第三节
多感官记忆

古书《学记》里说:"学无当于五官,五官不得不治。"意思是,学习和记忆如果不能动员五官参加,那就学不好,也记不住。美国科学家富兰克林遇到喜欢的内容都会摘录下来,然后逐字逐句地背诵,然后再模仿原文的风格进行写作,发现不足之处便及时改正过来,所以他读过的内容都记得非常深刻。他在记忆时,综合运用了视觉、听觉、动觉等多种感官,让他可以达到更好的记忆效果。本节将为你揭秘三种感官学习者如何高效记忆!

心理学的有关研究表明,运用不同的感官进行学习的效果是有差异的。一般地,只使用视觉,仅能记住材料的25%,只使用听觉,能记住材料的15%,而视听结合,则能记住材料的65%。不同的人在使用视觉、听觉和动觉上有所偏好,这种偏好导致他们在学习上有不同的表现,所应采用的学习策略也各不相同,我们根据这种差异将学生的学习类型分为视觉型、听觉型和动觉型三种。

1. 视觉型学习者

视觉型的学生喜欢通过图片、图表、录像、影片等各种视觉刺激手段接受信息、表达信息，他们比较擅长于观察，并且喜欢阅读，能够将文章轻松复述出来，他们的学习一般都很自信，而且具有很强的自制力，学习有自主性和计划性，有时还具有创造性。

适合视觉型学习者的最佳学习与记忆方法是：

（1）在记忆某些概念或知识要点时，闭上眼睛想象用图画或者实物形象来与之产生联系。

（2）在阅读或听课时边读边写，做笔记或学习卡片。这些笔记不要做成纯文字类型的，可以运用一些简笔画或不同颜色的笔。

（3）多用提纲或图表来预习或者复习。视觉型学生有较强的构图能力，而且这种方法能促进左右大脑的运用，可以提高他们对所学知识的理解。

（4）除了课堂学习之外，可以通过纪录片、电影、图片等多种渠道来学习课外知识。

2. 听觉型学习者

听觉型学习者善于通过接受听觉刺激进行学习，喜欢通过讲授、讨论、听录音等口头语言的方式接受信息。这种类型的学生上课一般都能认真听讲，能够按时完成老师布置的作业，但是他们的劣势在于过多地注意原有的知识，有时可能会影响自身潜力的充分发挥。

适合听觉型学习者的最佳学习与记忆方法是：

（1）用含有节奏和韵律的歌诀来帮助更快地记忆，最好把它们录下来，利用空闲的时间反复听。用耳朵听可以缓解视觉疲劳，也可以让单调的记忆变得有趣，而且不论是在走路、坐车还是睡觉前，都可以听，非常灵活。

（2）大声朗读有助于听觉型学生对概念有更好的理解。特别是在头脑不是很清楚的情况下，可以大声朗读出来，这样促进大脑的紧张，促进注意力的集中，同时自己发出声音与耳朵听到声音同时进行，两种感官同时达到了刺激。另外，捂住耳朵会达到一种很好的混响效果，也可以尝试一下。朗读时注意要有感情，最好能做到抑扬顿挫。

（3）组成学习小组，通过交谈、讨论等方法来促进学习。想要记忆更加深刻，就是在不同的场合来唤醒和强化记忆材料，通过交谈和讨论，可以加深对记忆材料的理解，同时通过互相的检测，知道自己在哪些方面有不足之处。我曾经陆续创办了"文魁读书会"在内的各种读书会，大家一起共读《生命的重建》《与神对话》《激荡三十年》等，记忆的印象比纯粹自己读要深刻得多。

（4）把思考过程用语言表达出来，有助于理清思路，自动纠正错误的理解。

（5）把记忆的内容讲给自己来听。中国青年运动的先驱萧楚女，在早年求学时，每当学到一篇文章或者一本书，就会跑到校园后面一个僻静的地方，对着一棵榕树开始讲课，这种方式可以让他更好地巩固记忆，深入思考所学的内容。

（6）利用音乐来达到学习的效果。科学研究表明，音乐能够改变大脑的活动，调节精神的紧张程度，经常倾听轻松、愉快、舒适的音乐，会让大脑达到更佳的学习状态。在记忆时，适当听一些轻柔的背景音乐，会达到较好的记忆效果。

3. 动觉型学习者

动觉型学习者喜欢通过双手和整个身体的运动来进行学习，如通过做笔记、在课本上划线、动手操作等来学习。他们往往在体育、自然、课外活动等需要他们动手操作和实验的学科中表现得较为突出。

这种学习类型的学生做事一般都比较守信，而且一旦集中于某事，就会取得很好的成绩。但是由于他们的情绪不稳定，忽冷忽热，精力旺盛，建议不要将精力分散到太多的事情。

适合动觉型学习者的最佳学习与记忆方法是：

（1）通过接触实物，运用触觉和嗅觉等感官来学习。比如亲近大自然学习生物知识，做实验学习物理、化学知识。法国资产阶级启蒙思想家卢梭，坚持把学习到的知识付诸实践的原则，他学习音乐时，就从事乐谱的创作；学习数学时，就去丈量土地；学习药物学时，就去采药制药。

（2）通过表演和模仿来学习知识。比如在学习英语时，可以观看一些动画片或者奥斯卡获奖的影片等，模仿人物角色的发音来学习。

（3）通过肢体动作来记忆，在记忆时做出适当的手势或者身体动作，在回忆时做出同样的动作时，有助于更好地回忆出来。

（4）通过抄写等方式来学习课文，抄写时要用心去体会。我国数学家王梓坤年轻时很喜欢抄书，他抄过很多书，比如林语堂的《高级英文法》，英文的《孙子兵法》等。他认为，抄完一本书之后，他能够全面理解书中的内容，甚至书中的一些小细节都能够看得非常清楚。

我高中时抄录了一整本名言警句，并且在高三担任班长时，每天抄一句在黑板上，记忆效果非常好。我在2022年读《道德经》时，每天早上将一段《道德经》原文和译文抄在本子上，感觉"眼过十遍，不如笔过一遍"。

接下来，我们就通过一个小测试，来看看你偏向哪种学习类型吧。

你是哪种类型学习者

以下各项是否与你相符合？有三个选项：

（A）经常；（B）有时；（C）从不

1. 我喜欢乱涂乱画，笔记本里常有许多图画或者箭头之类的内容。（　）

2. 我的字写得不整洁，作业本上常常有涂黑圈的字或者橡皮擦过的痕迹。（　）

3. 对刚买来的电器或其他新产品，我不喜欢看说明书，我喜欢马上动手试着去用。（　）

4. 我把事物写下来能够记得更清楚。（　）

5. 我只要听见了就能记住，无须看见或者通过阅读。（　）

6. 当别人给我演示如何去做某事时，我的学习收获最大，而且我也会找机会试着自己动手去做。（　）

7. 如果有人告诉我如何到一个新地方去，我不写下行走线路图就会迷路或者迟到。（　）

8. 写字很累，我用钢笔或者铅笔写字时用力很大。（　）

9. 我喜欢以尝试错误的方式解决问题，不喜欢以按部就班的方式解决问题。（　）

10. 当我想记住某人的电话号码或者诸如此类的事情时，我得在脑子里"看"一遍才行。（　）

11. 即使医生认为我的视力很好，我的眼睛也很容易感到疲劳。（　）

12. 我在按照指示或说明去做事情之前，喜欢先看一看别人是怎么做的。（　）

13. 我答题的时候，脑子里往往能"看到"答案在书中的第几页。（　）

14．我阅读的时候，容易把结构相似的词弄混。如"马"与"鸟"，"请"与"清"，them 与 then 等。（   ）

15．我发现自己在学习的时候常常中断下来转而去做别的事。（   ）

16．我在课堂上听讲的时候，喜欢聚精会神地看着课程的主讲人。（   ）

17．我难以看懂别人的笔记。（   ）

18．我不善于口头或书面表达。（   ）

19．当有人在谈话或者有音乐声时，我很难集中注意力听明白某个人在说什么。（   ）

20．如果让我选择是通过听讲座还是看书的方式获得新信息，我会选择听讲座。（   ）

21．在陌生的环境中我也比别人不容易迷路。（   ）

22．如果有人给我讲个笑话，我很难马上明白过来。（   ）

23．我对听来的故事比书上看到的故事印象更深。（   ）

24．当我想不起一个具体的词时，会用手比画着来帮助自己回忆。（   ）

25．如果有一个安静的地方，我会把事情干得更好。（   ）

26．一首新歌我只要多听几遍就会唱了。（   ）

27．体育课中，我不喜欢听老师讲动作要领，而是喜欢自己先模仿。（   ）

28．我只要观察过别人做活，无须看书就能学会。（   ）

29．看过的电影电视，我对里面的音乐音响效果比画面印象更深。（   ）

30．别人告诉我一个电话号码，我自己不说一遍或者写一遍，一般很难记住，哪怕别人说很多遍或者写下来给我看。（   ）

31. 我读书的时候,喜欢用手指或者笔指着正在读的内容。(　)

32. 如果没有电视看,听广播也能让我很欢乐。(　)

33. 我比较喜欢手舞足蹈地跟别人说话。(　)

34. 字迹印刷得小,书上有污点,纸张质量差,或者装订不好的书或者试卷影响我的阅读情绪。(　)

35. 我不喜欢非常安静的环境。(　)

36. 我对记过笔记的上课内容,即使没有回头看笔记,也要比没有记过笔记的内容容易记住。(　)

测试结果的统计与解释:

选(A)得2分,选(B)得1分,先(C)得0分。

将第1、4、7、10、13、16、19、22、25、28、31、34题的得分相加,记为a;

将第2、5、8、11、14、17、20、23、26、29、32、35题的得分相加,记为b;

将第3、6、9、12、15、18、21、24、27、30、33、36题的得分相加,记为c;

用公式 $a/(a+b+c)$ 计算你的"视觉"倾向权重;

用公式 $b/(a+b+c)$ 计算你的"听觉"倾向权重;

用公式 $c/(a+b+c)$ 计算你的"动觉"倾向权重。

一般而言,我们都是三种类型都有,当我们偏重于某一种时,可以发挥我们在这方面的特长,当然对于较弱的,我们也需要补起来,这样多感官一起运用,才能够达到最佳的学习效果。

第四节
回忆策略

记忆专家曾经做过一个实验,让三个同等条件的学生在同等时间内复习刚学过的一段内容。第一个同学把全部时间都用来阅读;第二个同学用一半时间阅读,一半的时间背诵;第三个同学用1/5的时间阅读,4/5的时间背诵。时间一到,科学家对他们掌握的情况进行测试。结果,第一个同学记住了1/3,第二个同学记住了1/2,第三个同学记住了2/3。我们很多同学都是和第一个同学一样,有时候整个早自习都在阅读,结果却没有记住,就是因为没有掌握回忆的策略。

为什么用全部时间来阅读时记忆的效果不好呢?因为读的遍数太多之后,我们的大脑会进入抑制状态,就像在吃已经嚼过的馍馍,一点儿味道都没有。而当我们尝试去回忆时,我们大脑会进入兴奋状态,需要调动我们左右脑的形象思维和逻辑思维,如果遇到卡壳现象,我们还会去拼命寻找回忆的线索,而想不起来再去看的时候,印象就会更加深刻。

作家林纾在读《史记》的时候,就是采取这种方式,读完一遍后，就把它盖上，然后默默地回忆刚才读过的内容。如果发现自己回忆不起来，就再回过头重读一遍，然后再来检查自己的阅读情况，这样达到了很好的记忆效果。

回忆策略注重的是阅读时间与回忆时间的合理分配。对于不同的记忆材料，时间分配策略也会不同。对于文章而言，一篇文章在老师讲解过，对其段落大意和疑难字词都熟悉之后，我们通读一两遍便开始分段记忆，先把某一段朗读一遍，在朗读的时候需要用心，除了加入感情之外，还要在脑海中想象其画面，要思考其逻辑的层次，特别关注一些表示承接关系的词语。

我们就以前文提到的第三个习惯"列清单"为例。"无论任何年纪，健全记忆运作关键都在于注意力。"美国纽约西奈山医学院记忆增强计划执行主任史威尔医师说。他建议，通过列出工作清单，为每日工作设立一个严格的程序。无论工作困难与否，都有助于完成工作。所以你可以试试让自己在中午11点半再查看邮件，或者在工作完成到某个阶段再回复一些非不紧急的电话，或者在付完账单后再做别的事。

在朗读这一段的时候，我的脑海中会浮现出这样的画面：小孩子和老年人在一起参加记忆比赛，他们的注意力都集中在比赛试题上面。比赛的地点是在美国，一个医师正在赛场边对着镜头进行着解说，接下来，他拿起了一个工作清单，每项都用一个电脑程序的图标表示着，然后一项项清单的内容被打上钩，表示已经完成了。然后，出现一个时钟显示在11点半，一个白领在看邮件，他工作到很晚才回电话，然后去酒吧里付账单。这样的画面会给我一个回忆的线索。

同时在想象这个画面时，我也清楚了，第一句话是医师说的，强调注意力的重要性，接下来是他的建议，要我们设定一个清单，再就是给了我们三个具体的建议。这里面，"他建议""所以"是关键的过渡词，我们可以把这两个词圈起来。

我们在读第二遍时，就可以边回忆边朗读，具体做法是，眼睛看着前方，尝试着去回忆，如果回忆不出来，就快速看一眼内容。读第二遍时，我们可能是阅读和回忆各占一半。接下来读第三遍时，也许能回忆出大部分内容，这个时候，把一些容易忘记的细节标出来，比如"西奈山""史威尔"，将我们的焦点集中在易忘的部分，被关注的信息更容易被回忆出来。最后，我们也许就可以百分百地把内容复述出来了。

这个时候还不能掉以轻心，以为大功告成了。因为大脑里产生的新的神经链还比较脆弱，遗忘的速度会非常快，我们要趁热打铁，这就是心理学上说的"过度学习"。它是指，如果把人学习某种知识掌握到当时回忆不出错的程度作为100%，那么，还需要继续努力去巩固这个知识，一般学习程度在150%以内为佳，超过这个限度，就会因学习疲劳而使效果下降，出现注意力分散、厌倦、疲劳等消极反应。

在我们尝试回忆的时候，要利用未被遗忘的信息，也就是说，要借助记忆中与已被遗忘的信息有联系的重点词句来唤起对遗忘信息的回忆。比如，回忆"吃香喝辣"这一个习惯所举的例子，可以从这个词出发，回想出与香和辣有关的食物，然后一一排除不正确的答案，进而联想到咖喱。

另外，在出现一些信息经常被遗忘时，特别是回忆起一句话，却想不出下一句时，我们可以将前一句的句末与下一句的句首进行联想，比如"有氧运动很简单，穿起球鞋出门健走即可。美国伊利诺伊大学研究发现，只要每周健走3次、每次50分钟就能使思考敏捷。"我们可以把"可"和"美"联想在一起，想象球鞋"可美了"，这就有助于我们下次回忆时想出来。

尝试回忆可以用列提纲的方式，每一段找一个关键词写在本子上，然后根据这些关键词来回忆内容，然后我们慢慢不依赖关键词，也可以把它们回忆起来。另外，也可以采用自问自答的形式来回忆，特别是政史地的知识，我们自己问自己，然后看看自己可以得多少分，并且给自己一些小的奖励。对于英语单词，我们可以用纸遮住汉语意思或英语拼写，然后进行回忆，也可以把单词抄在小卡片上，随时随地尝试回忆。

尝试回忆除了在头脑中进行以及用语言回忆之外，还可以采用默写的方式。汉字和英语都是有形的，默写比只看或只听的效果要好一些。而且默写还可以检查出有哪些字不会写，可以及时地进行纠正，在写完后可以用红笔进行批改，把记漏的、记错的都标注出来，这样比课本上的印象还要深刻。甚至在考试时，你都可以想出来这个词在你默写本的哪一行的哪个位置。

第五节
科学复习

　　在很多人的想象里,拥有最强大脑的人是不需要复习的,这是大错特错的。遗忘是人类的天性,如果不经过科学的复习,记忆会随着时间的流逝而淡忘。历史上很多伟大的人物都特别强调复习的重要性,明末清初的著名思想家、学者顾炎武,可以背诵长达14.7万字的十三经。他之所以记忆容量大,准确度高,很大程度上取决于复习得法。据《先正读书诀》记载:"林亭十三经尽皆背诵。每年用3个月温故,余月用以知新。"(林亭也就是顾炎武。)另外,我国著名桥梁专家茅以升,80多岁高龄还能熟练地背诵圆周率小数点后一百位以内的数。当有人向他请教记忆诀窍时,他的回答是:"说起来也很简单,重复!重复!再重复!"

　　关于复习,著名的心理学家艾宾浩斯通过实验发现了人的记忆与遗忘规律。实验证明:在学习仅过了20分钟后,就忘记了记忆内容的42%,1天后忘却量已经达到了66%,到了第31天,忘却量已高达79%。他根据实验结果,绘成了著名的遗忘曲线,并表明遗忘的规律是"先快后慢"。这条规律提示我们,一定要尽早、及时地对所学知识进行复习，以便在知识还在大脑内时就加深印记，否则大脑中已经没有痕迹了，只能再费精力重学。

艾宾浩斯记忆规律曲线

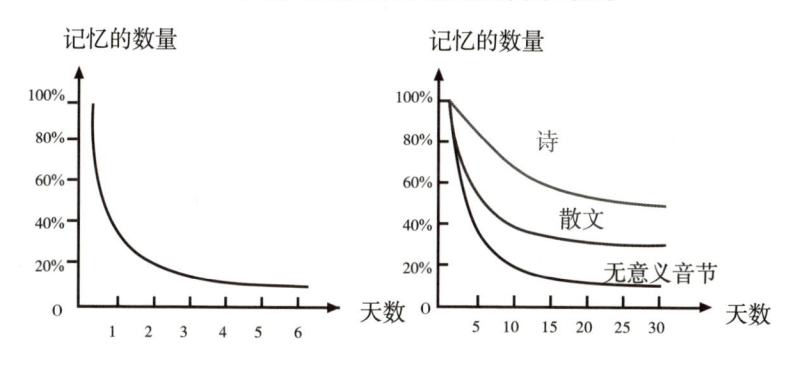

时间间隔	刚刚记忆完毕	20分钟后	1小时后	8~9小时后	1天后	2天后	6天后	1个月后
记忆量	100%	58.2%	44.2%	35.8%	33.7%	27.8%	25.4%	21.1%

记忆内容	12个无意义音节	36个无意义章节	6首诗中的480个音节
平均重复次数	16.5次	54次	8次

合理选择复习的时间，在适当的"遗忘临界点"及时复习，效果最佳。不及时复习固然会造成遗忘，而过多、过早的复习则是时间上的浪费，一般初次复习的时间间隔在半小时之后，但应小于16小时。根据艾宾浩斯绘制的遗忘曲线，一般来说，人们在记忆某些材料过后，在学习后的当天、第2天、第5天、第10天、第30天、第60天、第100天这7天处于"遗忘临界点"，在这些天及时复习，效果最好，效率最高。按此规律，经过大约7次复习，复习所用的时间也会依次缩短，甚至只要用眼或耳过一遍

就行。这样先重后轻、先密后疏地安排复习，效果极佳，可以长久记住所学材料。当然，具体的"遗忘临界点"和需要复习的总次数也因人而异。

复习时可以采取的方式大致有以下几种：

1. 滚动复习法

当我们一次性要记忆大量内容时，可以采用分段记忆并及时复习的方法，即背完一段内容后，把前一段内容也复习一遍，再接着背新的内容。以背英语单词为例，以 10 个单词为一组，把单词分成 5 组，记完 A 组复习 A 组；记完 B 组，复习 A 组和 B 组；记完 C 组，复习 B 组和 C 组；记完 D 组，复习 C 组和 D 组；记完 E 组，复习 D 组和 E 组；最后再复习 A 到 E 组一到两次。当然，你也可以选择隔一组或者两组再一起复习，例如，记完 C 组后复习 A 组和 C 组，记完 D 组后再复习 B 组和 D 组。同理，背长篇课文和问答题时，也可以采用分组后及时滚动复习的方法，这样会提高记忆效率，节省很多记忆时间。

2. 过电影复习法

河北省高考文科状元韩欢有这样的习惯：每天睡前，静静地躺在床上，身子不动脑子动，回忆当天学习的内容。比如老师又补充了哪些知识点，一点一点地想，如果有什么内容回忆不起来，那就第二天马上解决这些问题。在脑子里"过电影"，是一种"试图回忆"的主动性思维，它使大脑积极搜索已经记忆的东西，这种搜取的过程本身就具有加深记忆的功效。经常利用空余时间"过电影"，更容易找到记忆中的"盲点"。在回忆难以为继时，翻开课本，那么这一段知识对神经元的刺激非常强烈，因而也就容易刻入脑中。

3. 查漏补缺法

复习还可以看课本上当天学习的知识，此时要看的是重点和难点，也包括回忆的时候没有想起来、较模糊的"缺"点。复习时有缺漏的地方，可以在整理笔记时写出来，做上记号，以便以后复习的时候，注意这部分内容。做作业也是复习巩固的重要一环，还有就是看参考书，有些参考书里面有知识结构图等总结性内容，也有一些对课本知识的详细讲解，阅读这些材料可以从不同角度加深对同一记忆材料的理解，有助于加深印象。

4. 区别复习法

特别要注意在复习时要有重点，比如在复习单词的时候，可以根据当时记忆的情况，根据其记忆的难易程度至少可以分为三级——好记的、比较难记的、很难记的，用不同的记号标记出来。比如对于比较难记的单词，我们要多花一点儿时间去复习，而已经熟悉的单词上，可以快速看一眼就过，或者是暂时先不去花时间看。然后在再次检测自己后，重新去标记那些单词，最终将这些单词都变成好记的。

5. 分散复习法

复习时还可以采取随时复习和分散复习策略，把比较难记的知识做成卡片，或者把单词书撕成一页一页的，或者用手机拍成图片，可以随身携带。没事儿的时候就拿出来看一看，多看几次便可以达到好的复习效果。

6. 多感官复习法

复习的时候也可以尝试多种感官结合，用眼来看，用口来发音,用手来写,用耳来听。我在背诵完《道德经》后,就经常听它的音频,并且默写、背诵、朗读,请人来考我,多种方式结合。

7. 交叉复习法

复习时可以有一些变化,不同的记忆材料可以交叉着复习,比如复习一下物理公式定理,看一看例题,然后去背一背历史的知识,或者英语单词,我们的大脑可以在不同知识间切换,就不会感觉到疲劳。当然,这不是说每种内容只背五分钟就换下一种,建议每种内容的复习时间至少达到 20 分钟。

第六章·语文记忆法

《最强大脑》上的"虹膜识人"项目挑战者孙小辉曾经5小时记忆100首毛泽东诗词,并且对于《唐诗三百首》可以脱口而出。文魁大脑俱乐部学员杜星默、罗婷予等人都可以将《道德经》任意点背,随便问哪一章第几句,都对答如流。如果你也拥有像他们一样的超级记忆力,学习语文将是再轻松不过的事情!

我在高三那年重点攻破的科目是语文,我抱着一本语文基础知识的书,运用记忆法来记忆容易错的生字词、文学常识,并且每天坚持记下一条名人名言和写作素材,最终在高考时语文考到了129分,并被武汉大学文学院录取。

汉语是我们的母语,语文不学好,对于其他科目的学习影响很大,一些理科生读不懂题目,就是语文底子太薄;其次,语文也是我们一生必备的技能,不论是与人交谈、公众演讲还是日常写作,都需要良好的语文表达能力;再次,语文也是中高考重要的科目,如果能够在日常学习中持之以恒地积累,相信一定会和别人拉开差距;最后,语文还可以陶冶情操,提升生活品位,"才如江海文始壮,腹有诗书气自华",文学才华可以让我们变得更有气质,更受大家的喜欢。

要学好语文,只有老老实实地积累,积累就是一个记忆的过程,记忆法便能够发挥其用武之地,下面我结合读中学的学习经验以及多年教学经验,分享一些语文学科里实用的记忆方法!

第一节
如何记忆字音

在中高考试题里，选择拼音错误的汉字是必考题，我们先来测试一下，下面这五个词语中划线的字读什么？

谙熟、消弭、鏖战、菁华、暴殄

看到这些你是不是很纠结，明知道要闹笑话，却还是情不自禁想认半边？这就是记忆里的联想效应，"谙"很容易就想到"音"，"弭"也会不自觉地想到"耳"，而它们偏偏和"安"与"迷"同音，让你有被欺骗的感觉。没关系，接下来我们就一起来学习记忆方法。

1. 形声字的误读

我们的祖先创造了大量的汉字，形声字可是大功臣，它的家族已经占到汉字王国的九成。如果形旁和声旁结合之后，依旧全部保持原来的读音的话，那我们学习汉字真要省下不少工夫（不过也会带来更多同音的混淆），可惜的是，只有 7.17% 的声旁遇到形旁还能够将声旁的音毫无变化地传下去。比如：

亭：停 葶 婷

式：试 轼 拭

斯：嘶 厮 撕 澌

唐：糖 塘 搪 溏

有一些声旁只能在遇到特定的形旁时保持原声，遇到特殊的形旁就开始"变声"了，比如"非"，在"菲、啡、扉、霏"等汉字中还是读"非"，但"诽谤"的"诽"读三声、"痱子"的"痱"则读四声，而在古代表示偏瘫的"风痱"一词里读二声，遇到这种情况，需要特别记下来。

还有一些则连声母也变了，比如：寿（shòu）—筹（chóu）、户（hù）—雇（gù）、山（shān）—灿（càn），另一些韵母变了，比如：贝（bèi）—坝（bà）、叉（chā）—钗（chāi）、既（jì）—厩（jiù）。

最绝的就是长得像同胞，声母、韵母却全都不同，这样的汉字有没有？多着呢！我们已经司空见惯的，比如：斥（chì）—诉（sù）、寺（sì）—特（tè）、者（zhě）—都（dōu），更多的就是考试里经常出现的"地雷"，比如"谙熟、消弭、鏖战"，这个"鏖"，你是想读作"鹿"呢，还是想读作"金"？你甚至分不清哪个是形旁哪个是声旁。更让人迷惑的是，它读作"熬"，这样认字真是煎熬啊。

来看看大家都很熟悉的"出"，出嫁的"出"，你看，这些形旁嫁给了"出"，来瞧瞧生的孩子都什么样：础（chǔ）、咄（duō）、绌（chù）、拙（zhuō）、茁（zhuó）、屈（qū）、诎（qū），没一个与"出"（chū）同音的。

声旁不能准确表音，这是最容易让人误解的一批汉字，把这些汉字搜罗在一起，就是最容易读错的汉字汇编，我们要着重来看看，面对这些容易读错的汉字，如何将它一锤定音，过耳不忘，我们来看看攻略。

常见的攻略是把比较难记的单独拿出来记，将汉字拆分成熟悉的部分，再找到同音字（没有的话就找近音字），通过故事联想来记住读音。比如，腮（sāi），拆字变成"月"和"思"，读音想到"塞"。想象他在月亮下托着腮（sāi）帮子在思考，我塞（sāi）了一个抱枕在他的怀里。再比如，黜（chù），拆成"黑"和"出"，同音字想到"畜"，想象黑熊出没，吓坏了家里的牲畜。我们也可以放在一起进行比较记忆，找到一些不同点，通过一个口诀或者故事编在一起，方便辨认。

就拿这个"出"的形声字为例吧，先把同音的放在一起：

础（chǔ）　　绌黜（chù）　　拙（zhuō）

茁（zhuó）　　咄（duō）　　屈诎（qū）

把不同的部分提出来，每个汉字找到一个同音字，把它们编成一个口诀：

楚（chǔ）国猴子破石出，

身着黑丝变牲畜（chù），

草里啄（zhuō）出言尸蛆（qū），

用手捉（zhuō）来口哆（duō）嗦。

这首歌诀用了同音字来帮助记忆读音，然后将形旁都编了进去，划线的部分就是，这里说明一下："言尸蛆"是指会说话的僵尸身上长的蛆虫，是不是看到都起鸡皮疙瘩？在脑海中想象这个歌诀的画面，然后多念几遍，尝试着把这些汉字默写下来吧！

这个歌诀把汉字隐藏得比较深，我们也可以直接用拆分歌诀法，比如，石出础（chǔ），黑出黜（chù），手出拙（zhuō），草出茁（zhuó），口出咄（duō），尸出诎（qū）。

我们还可以结合汉字组的词来编，拿其中四个为例：黑心官员罢黜（chù），说不出话嘴诎（qū），丝巾上吊见绌（chù），屈（qū）膝倒地成尸。（注："罢黜"是罢免的意思，"嘴诎"是嘴笨的意思，"见绌"的"绌"是不足的意思，在此的引申意思是丝巾不够长。）

另外，还可以尝试一下组词故事法，这里我们就挑几个难一点的，比如"绌""黜""咄""诎"，可以编成这样的故事：老百姓比起咄咄（duō）逼人的官老爷相形见绌（chù），受尽了各种诎（qū）辱，都盼着他被罢黜（chù）。（注：这个"诎"和"屈"可以互通，当然它还有嘴笨等意思。）这里的故事相比歌诀没有字数和韵律等限制，更加自由，如果故事可以更加形象，记忆效果会更好！

2. 多音字的误读

除了形声字，还有一类汉字也比较特殊，它就是多音字，同一个汉字有好几个读音，好在多音字不算多，只占汉字的10%左右。一般原则也是记特例，"记少不记多，分数好又多"。我们还是具体举例说明怎么来记吧，向慧老师提供了部分案例。

先来看一些只有一个特例的多音字。

熬：除"熬菜"（指由几个菜组成的大杂烩。）读 āo 外，其余都读 áo。"熬汤"是 áo，"熬菜"咋就变成 āo 了？针对这一特例，还得和它一起组词的字以及最终词语的意义进行联想，谁叫它遇到"菜"这个字就变音了呢。āo 同音的还有"凹"，发挥一下想象力：熬的菜叶都变成了"凹"字形。

臂：除"胳臂"读 bei 外，其余都读 bì，铁臂阿童木的臂还读 bì，想象他把自己的胳臂卸下来，然后"背"在身后！注意哦，这个字连声调都没有。

如果你觉得想象故事麻烦，找个同音字组成短语或句子也行，叫"同音语境联想法"。

提：除"提防"读 dī（堤）外，其余都读 tí；
在堤（dī）坝上走要提（dī）防着点儿。

勾：除"勾当"读 gòu（够）外，其余都读 gōu；
干你这勾（gòu）当的可真够（gòu）坏的。

扁：除了"扁舟"读 piān（偏），其他都读 biǎn；
一叶扁（piān）舟在河里偏（piān）离了航道，驶到了一个孤岛上。

吵：除"吵吵"读 chāo（钞）外，其余都读 chǎo；
大家不要因为钞（chāo）票少了就瞎吵（chāo）吵。

括，除"挺括"读 guā（瓜）外，其余都读 kuò；
我给西瓜（guā）娃娃做了一件特别挺括（guā）的衣服。

这种特例相对比较少，如果记住的话，中高考都会一劳永逸，生活中也会少念些白字，另外还有一些特例是两到三个组词的，可以都串在故事里面记忆。比如"扒"一般读作 bā，读 pá 时有三个组词：扒草、扒手、扒猪头。联想到同音字"爬"，编一个故事：爬（pá）到房顶的扒（pá）手，扒（pá）草当柴火来做扒（pá）猪头。

刚才都是多音字里面的特例，现在来看看一般情况，对付它们的手段也要有所区分，常见攻略有如下几种：

攻略一：一般多音字在不同的情况下使用不同的读音，比如表示特殊意义、词性、用法、语境时，只要找到规律即可很快记下来。

（1）根据意义区分。"晃"一般读作"huàng"，表示"摇动"的意思，比如摇头晃脑。另外还可以读作"huǎng"，一般表示明亮、照耀的意思，和光影有关，所以"晃眼睛""晃耀"都读此音，另外它还有一闪而过的意思，如："虚晃一枪""一晃三载"也读 huǎng。这是根据意思进行区分，大多数多音字可以用此方法。

（2）根据词性区分。"处"作名词时读作"chù"，如，处所、住处；动词时读作"chǔ"，比如处理、处分、处于。"泥"只有作名词时读作 ní，比如泥土、枣泥，其他情况下读作 nì，表示涂抹泥的动作，以及固执、死板等义，比如泥墙、拘泥、泥古不化等。

（3）根据用法区分。有些字用于人名、地名就会异读，比如"丽水"和"高丽"，有些字在单音节词和多音节词里不一样，如"剥"，作单音节词时读 bāo，剥皮、剥玉米、剥花生；在合成词中读 bō，剥削、剥夺、剥落。另外，"削""薄""逮""血"等也属于这类情况。

（4）根据语境区分。有些字在书面语和口语里读法不同，"翘"，口语时读 qiào，翘尾巴、翘辫子；书面语时则读 qiáo，翘首、翘望、翘楚。"嚼""勒""熟""钥""压"等也可用此法。

攻略二：一般多音字常用的组词不多时，可以将代表性的组词串在故事、句子或歌诀里面，一网打尽。

（1）龟：

① guī 一种爬行动物：乌龟。

② jūn 唯一的组词：龟裂，指田地等裂开许多缝隙。

③ qiū 唯一的组词：龟兹，古代西域的国名，在今新疆库车一带。

想象秋（qiū）天的龟（qiū）兹国，土地都龟（jūn）裂了，一只乌龟（guī）掉入地缝之中。

（2）咽：

① yān　口腔里的一种通道：咽喉。

② yàn　使食物通过咽喉进入食道：狼吞虎咽、咽气。

③ yè　因悲伤而声音受阻，说不出话来：呜咽、哽咽。

想象燕（yàn）子吃东西狼吞虎咽（yàn），弄得咽（yān）喉都冒烟（yān）了，到了夜（yè）里难过得呜咽（yè）起来。

（3）叉：

① chā　a 叉子：刀叉、钢叉。b 用叉子挑或扎：叉鱼。c 交错：叉腰。

② chá　挡住，堵塞住，互相卡住：车叉在路口。

③ chǎ　分开，张开：叉开两腿。

④ chà　条状物末端的分支：头发分叉、劈叉。

想象我叉（chǎ）开两腿准备劈叉（chà）的时候，看见一把超大的钢叉（chā）落在了十字路口，将车都叉（chá）在了路口。

（4）堡：

① bǎo　土筑的小城，也泛指军事防御用的建筑物：堡垒、碉堡、城堡。

② pù　用于地名，古代的驿站：十里堡。

③ bǔ　堡子，有围墙的村镇，多用于地名：瓦窑堡。

想象城堡（bǎo）往外走十里的地方有个铺（pù）子，它是在十里堡（pù），旁边还有个瓦要补（bǔ）的村子叫瓦窑堡（bǔ）。

3．成语里的误读

成语就是已经定型的词组或短语，读音不能随意更改，有些历史遗留的成语也得照原声读，恐产生误解和歧义。平时读错丢脸，考试认错丢分，学好成语要先从读准字音开始！

先看看一些成语里比较难读的字,一部分是压根就不认识的生僻字,一部分是容易认错的形声字,另一部分则就是多音字,我们重点来讲多音字。

有些多音字是古代的读音,比如:余勇可贾(gǔ),这里"贾"可不是"贾宝玉"的"贾",只有用作姓氏时读 jiǎ,古代"贾"是买或卖的意思,这个成语指的是我还有勇气剩下来可以卖给你,表示俺的实力大大的!既然把贾宝玉扯了进来,就想象贾宝玉余勇可贾吧,他举起一面超级大的鼓(gǔ),嚣张地说:"小样儿,我余勇可贾,不服,来单挑!"

虚与委蛇(wēi yí),这个成语可是和"蛇"没有一点儿关系,指的是对人虚情假意,敷衍应酬。既然这"蛇"读作"yí",可以想到阿姨,这个阿姨表面上对客人热情得不得了,实际上心里恨不得放蛇咬别人,她随便倒了杯水和他虚与委蛇地聊天。

另一些多音字则到现在还有其他读音,比如"飞来横(hèng)祸",这"横"一般在表示意外、蛮横时读 hèng,这里自然是表示意外的灾祸。可惜没有其他汉字也读 hèng,只能把相近的"恨 hèn"借来用用,想象你的朋友走在路上遭遇飞来横祸,你对那肇事者真是恨之入骨啊!

另外,如果只是声调不同的话,我们可以对四个声调进行联想,一声"–"像一条直线,联想到木板、铁轨等;二声"∕"呈现上升趋势,可以联想到起飞、上坡等;三声"ˇ"先下后上,像一个对号,或者是一个山谷、波浪等;四声"＼"则呈现下降趋势,联想到滑梯、降落、下坡等。在这里"飞来横祸"可以想象汽车坠落了悬崖,向下的趋势和四声可以联想在一起。

第二节
如何记忆字形

《最强大脑》虽说多是"中国好记忆",但是对于观察力也是很大的考验,李林沛观察羊驼脚印,胡庆文辨别舞蹈动作,李威识别不同的脸谱,李璐区分出侧脸剪影,都要有一对火眼金睛,才能够从细微处发现不同。在语文学科里,我们要有微观辨识错别字的眼力,这是中高考的必考题型,你是慧眼识珠的错别字克星吗?本节将为你支着!

我们先来测试一道题目:
下列词语中,没有错别字的一组是:
A 辨别 筹码 颠簸 秣马厉兵
B 忽略 题词 肄业 优哉悠哉
C 联手 召唤 惆怅 屈意逢迎
D 伏法 寂寥 任性 对薄公堂

你瞧出来那些深藏不露的错别字了吗?词语最忌讳的就是望文生义,"优哉悠哉"应该是"优哉游哉"。优:舒适美好;游:各处从容地行走。虽然意思是悠闲的样子,可是成语里没有"悠"

字哦,从《诗经》里出生时就没有。

"屈意逢迎"应该是"曲意逢迎",曲意:违背自己的意愿;逢迎:迎合。指的是想方设法奉承讨好别人,而不是委屈自己的意愿哦。

"对薄公堂"应该是"对簿公堂",簿:文状、起诉书等;对簿:受审问;公堂:旧指官吏审理案件的地方。在法庭上受审问。这个成语经常被误解为"打官司",因为很容易联想到两个人拿着起诉书在公堂上相对而立,互相指责,但此处需要想象一个犯人在公堂上受审问时的情景。

据《咬文嚼字》杂志统计,每年中高考出镜率最高而出错率也最高的是以下汉字:松驰(弛)、既(即)使、渲(宣)泄、九洲(州)、挖墙角(脚)、渡(度)假村、一幅(副)对联、穿(川)流不息、再接再励(厉)、谈笑风声(生),括号里的为正确的字。可以发现,一般都是同音字和形近字。对于同音字,我们需要区分不同汉字的意义差别,并依此结合词语意义来区分,实在难以区分时,再结合我们右脑的想象力来区分。

而极易混淆的形近字大致可分为五种情况:一是读音相同相近,如"食不果腹"误为"食不裹腹","粗犷"误为"粗旷";二是字形相似,如"气概"误为"气慨","辐射"误为"幅射";三是意义混淆,如"凑合"误为"凑和","针砭"误为"针贬";四是不明典故,如"墨守成规"误为"默守成规",不知道"墨"指战国时的"墨翟","黄粱美梦"误为"黄梁美梦",不知道"黄粱"指的是做饭的小米;五是忽视语文法规,如"重叠"误为"重迭","天翻地覆"误为"天翻地复",其实早在1986年重新公布《简化字总表》时,"叠""覆"二字已经恢复使用。

要想辨析清楚形近字,需要熟悉成语的典故和意义,知晓《简化字总表》的特殊规定，结合对汉字意思的理解，先进行强化记忆，如果出现特别难以辨别的，可以用联想编故事的方式来记忆。比如有些错别字放在词语中时，也可以将词语解释得通，并且让人觉得解释得很合理，由此判断它是对的，而实际上却恰巧是错的，所以对于这类词很难找出错别字，对这类词该怎样记忆才不至于混淆呢？

例如："凭心而论"，很容易解释成：凭着良心来评论。这解释貌似天衣无缝，所以很多人误认为这词中没有错别字，但实际上，没有"凭心而论"这种说法，正确的词语是"平心而论"，成语意为：心平气和地谈论。我们可以发挥想象来区分，"平"想到邓小平，想象邓小平爷爷心平气和地和你谈论学习问题。

又如："本相必露"，把它解释成本相一定会暴露，也解释得通吧。正确的词应是"本相毕露"，"毕"为全部的意思，成语意为：本相全部暴露。可以想象毕加索用画笔把恶人的本相全部暴露出来啦。

下面这些词大家可以看看解析（括号内为正确的字）：

哀（唉）声叹气

解析：想象自己爬埃及金字塔爬得直叹气，太高了。

心心相映（印）

解析：一对情侣在结婚纪念日刻下了两个心交叠的印章，代表他们心心相印。

爱护倍（备）至

解析：想象刘备对手下都是爱护备至。

沿（缘）木求鱼

解析：想象化缘的和尚在树上找鱼。

除了运用意义和想象进行区分，善用成语的结构进行区分也是一种方式，比如这种ABAB式的成语，像"纷至沓来"，"至"和"来"都是动词，彼此相对应，而"纷"和"沓"也是彼此对应，词性相近，而不是"踏"。类似的成语有风驰电掣、痛心疾首、文过饰非、时移俗易、兴尽意阑、山清水秀、南辕北辙等。

第三节
如何记忆文学常识

文学常识是学习语文的基本功,知识点繁多而且琐碎,包括作家、年代、籍贯、作品,文学中的地理、历史典故,还有文学流派和文学事件,比如"新月派诗歌""白话文运动"等。

我们记忆文学常识时,需要平时日积月累,还要巧用各种记忆方法。我从中国文学之最、作家作品的合称、中外作家的资料三个方面,分别举一些案例作为示范,世界记忆大师焦典老师参与了此部分的创作。

1. 中国文学之最

(1)《搜神记》是我国第一部志怪小说集,作者是东晋的干宝。

锁链故事法:长着痣的怪物(志怪),在房子里搜索神仙(搜神记),房子的东边进(东晋)来了干净的功夫熊猫阿宝(干宝)。

(2)《儒林外史》是我国第一部优秀的长篇讽刺小说,作者是清代的吴敬梓。

锁链故事法:一个清朝官员穿过五面镜子(吴敬梓),来到儒生生活的树林会见外国史官（儒林外史），树林里所有的树都长着长刺（长篇讽刺）。

（3）《文心雕龙》是我国第一部文学理论和评论专著，作者是刘勰。

锁链故事法：文人在爱心上雕刻龙（文心雕龙），结果有人评论他，他们之间理论了半天（文学理论和评论专著），最后动武了，文人被打流血（刘勰）了。

2. 作家作品的合称

（1）元杂剧的四大悲剧是《窦娥冤》《汉宫秋》《赵氏孤儿》和《梧桐雨》。

锁链故事法：在秋天的汉宫里面（汉宫秋），有一个院子里正在演杂技和戏剧（元杂剧）。舞台上有一棵梧桐树，上面的梧桐像雨一样落下来（梧桐雨），树下的赵氏孤儿抱着一只长了痘痘的鹅（窦娥）。

（阴亮　绘）

（2）汤显祖的"临川四梦"分别是《牡丹亭》《紫钗记》《邯郸记》和《南柯记》。

锁链故事法：在临近四川（临川）的开满牡丹的亭子（牡丹亭）里，柯南（南柯记）练习完邯郸（邯郸记）学步以后，用紫钗（紫钗记）扎着寒蛋（邯郸记）放进汤里去验毒。汤里显现出它的祖先（汤显祖），说："这汤有毒，不要喝！"

（苏悦 绘）

（3）"中国十大古典悲剧"是《窦娥冤》《赵氏孤儿》《汉宫秋》《琵琶记》《精忠旗》《娇红记》《清忠谱》《长生殿》《雷峰塔》和《桃花扇》。

"情境故事法"这一节有这个案例，这里来看看如何用定桩法来记忆。因为里面有"雷峰塔"，于是就以雷峰塔来定桩，找到台阶、围栏、柱子、一层的楼顶、塔顶这五个地点，分别联想如下：

在台阶上方，站着赵氏孤儿，他正抚摸着窦娥的头发在安慰她。

围栏这里，有一个汉代的宫女，在树叶飘落的秋天里弹琵琶。

柱子上面，绑着一面旗帜，上面写着"精忠报国"，这面旗帜是用胶纸做的，而且是红色的，就想到了"娇红记"。

在一楼的楼顶上,有一个长生不老的人,代表"长生殿",他正在敲青色大钟上面的谱子,代表"清忠谱"。

在塔顶上面,有一道雷劈下来,劈坏了雷峰塔上印着桃花的扇子。

(苏悦 绘)

3. 中外作家的资料

(1)陶渊明,名潜,自称五柳先生,东晋诗人,我国第一位田园诗人。诗歌有《归园田居》《饮酒》,散文有《桃花源记》《五柳先生传》。

内容较多,熟悉的可以忽略,如果都不熟悉,可以编成故事:陶渊明在一个深渊里潜水(名潜),浮上来看到五棵柳树(五柳先生),他往东进(东晋)到柳树林之后,发现一个田园,他到田园里居住(归田园居),每天饮酒。一天喝醉了误入桃花源(桃花源记),就将这段故事写入传记《五柳先生传》里。

（苏悦　绘）

（2）陆游，字务观，号放翁，南宋爱国诗人，诗作今存九千多首，代表作有《示儿》《十一月四日风雨大作》。著有《剑南诗稿》《渭南文集》。

请你一边看图，一边想象故事：陆游在陆地游览（陆游），闲人请勿观看（务观），有个放牧的老翁（放翁）偷看被抓起来了。他示意自己的儿子（示儿），在风雨大作时打114电话（十一月四日风雨大作）查询他的下落，儿子打电话时，老翁说他在渭水的南边读文集（渭南文集），还喝着剑南春酒在写诗（剑南诗稿）。

（苏悦　绘）

第四节
如何记忆诗词文章

背课文是学生时代少不了的功课,它可以训练我们的记忆力,还可以提高语言表达能力,扩大知识面,提高审美能力,陶冶情操,能够应景地脱口而出一些诗词文章,绝对是一件很酷的事情。

因为中国汉字博大精深,涉及古今不同的表达方式、语法特点以及作者的风格、文章的体裁等,所以记文章也没有包打天下的妙方,下面我们就如何记忆文章进行一下探讨。

1. 写景状物的诗文如何背

有些诗文的景物描写如诗如画,人物刻画栩栩如生,很自然就会在头脑中浮现出画面,从而产生联想记忆,我们可以用情境再现法,在大脑中放映出这些画面。比如徐志摩的《再别康桥》:

轻轻的我走了,
正如我轻轻的来;
我轻轻地招手,
作别西天的云彩。

那河畔的金柳，
是夕阳中的新娘，
波光里的艳影，
在我的心头荡漾。

软泥上的青荇，
油油的在水底招摇；
在康河的柔波里，
我甘心做一条水草！

那榆荫下的一潭，
不是清泉，是天上虹；
揉碎在浮藻间，
沉淀着彩虹似的梦。

寻梦？撑一支长篙，
向青草更青处漫溯，
满载一船星辉，
在星辉斑斓里放歌。

但我不能放歌，
悄悄是别离的笙箫；
夏虫也为我沉默，
沉默是今晚的康桥！

悄悄的我走了，
正如我悄悄的来；
我挥一挥衣袖，
不带走一片云彩。

熟悉朗诵之后，我们根据诗歌的节奏和感情，边朗诵边浮想出画面。在脑海中想象徐志摩轻轻地踮着脚尖往前走，像一阵清风徐徐地飘来,然后他又回转身来,轻轻地举起了手,和西天的云彩招手。镜头扫向他身边的一条河,在河边有一棵柳树闪着金光,一个新娘的倒影映在波光里,让他的一颗心飞出来在空中荡漾。接下来镜头对准水里,软泥上的青荇,泛着油光摇动着,然后想象徐志摩变小,进入康河里变成了一条水草。按这样的方式继续想象,就可以比较轻松地背诵下来了,我高中时就是用这种方式记住了《再别康桥》。

(吕柯姣 绘)

在脑海中情境再现时,注意时空的关系,注意上下文的联系,对于一些关键词,比如每句的开头或者比如容易记错的词,可以在图像中多加强调。我们还可以结合绘图记忆法，运用一些简笔画将它画出来，这张图由国际记忆大师吕柯姣绘制，请顺着诗歌的思路并结合这张图，尝试将它记忆下来。

古诗词里这样的例子更加常见，比如小学语文课本里有一首辛弃疾的词《西江月·夜行黄沙道中》：

明月别枝惊鹊，清风半夜鸣蝉，稻花香里说丰年，听取蛙声一片，七八个星天外，两三点雨山前。旧时茅店社林边，路转溪桥忽见。

这首词的意思是这样的：

皎洁的月光从树枝间掠过，惊飞了枝头的喜鹊，清凉的晚风吹来，仿佛听见了远处的蝉叫声。

在稻花的香气里，耳边传来一阵阵青蛙的叫声，好像是在讨论，说今年是一个丰收年。

天空中轻云漂浮，闪烁的星星忽明忽暗，山前下起了淅淅沥沥的小雨。

往日的小茅草屋还在土地庙的树林旁，道路转过溪水的源头，它便忽然出现在眼前。

官晶老师将这首词形象再现后，将上下句之间通过锁链建立联系，再通过绘图记忆法呈现出来，我们可以结合这张绘图，在脑海中想象画面来帮助记忆。

"明月别枝惊鹊，清风半夜鸣蝉"，明月下的大树上有一只喜鹊，它头上有一个惊叹号，代表"惊鹊"。喜鹊下面有一阵清风吹出去，吹到了正在鸣叫的蝉身上。

蝉发出的声波震到了稻花，稻花上贴着"丰"字，还长着耳朵，正在听取青蛙的叫声，代表着"稻花香里说丰年，听取蛙声一片"。

图中文字：
- 8 路转溪桥忽见
- 7 旧时茅店社林边
- 6 两三点雨山前
- 5 七八个星天外
- 1 明月别枝惊鹊
- 2 清风半夜鸣蝉
- 3 稻花香里说丰年
- 4 听取蛙声一片

《西江月·夜行黄沙道中》
辛弃疾

(国际一级记忆裁判　官晶　绘)

接下来是"七八个星天外，两三点雨山前"，可以想象青蛙的声波震到了星天之上，星星都在颤抖。星星一直延伸到远方的山前，山上有两三点雨滴。

最后是"旧时茅店社林边，路转溪桥忽见"，在山脚下有一片小树林，旁边有一个房子代表"茅店"，茅店前的路通往小溪上的桥。

按照这样的方式想一遍并画一遍，在回忆的时候，就比较容易想起相应的画面，进而把对应的文字回忆出来。你可以尝试再看一遍，然后闭上眼睛回想，如果有错漏的地方，可以再来复习强化，直到将它完全正确地背诵下来。

友情提示：如果是自己画图来记诗文，黑白图像也是可以的。即使画的图不太美观、不太逼真，只要自己能辨认并能记住就好。

2. 排比句多的诗文如何记

排比是一种富于表现力的修辞方法，多用于说理或抒情。用排比说理，可以把论点阐述得更严密更透彻；用排比抒情，可以把感情抒发得淋漓尽致。然而，排比句彼此之间是并列的关系，可能缺乏内部的逻辑联系，这样在记忆时会出现顺序混淆的情况，我们一般可以挑选关键词，使用图像锁链法、情境故事法或者字头记忆法。

我们来看看著名诗人舒婷的《祖国啊，我亲爱的祖国》：

我是你河边上破旧的老水车

数百年来纺着疲惫的歌

我是你额上熏黑的矿灯

照你在历史的隧洞里蜗行摸索

我是干瘪的稻穗，是失修的路基

是淤滩上的驳船

把纤绳深深

勒进你的肩膊

——祖国啊！

我是贫穷

我是悲哀

我是你祖祖辈辈

痛苦的希望啊

是"飞天"袖间

千百年未落到地面的花朵

——祖国啊！

我是你簇新的理想

刚从神话的蛛网里挣脱

我是你雪被下古莲的胚芽

我是你挂着眼泪的笑涡

我是新刷出的雪白的起跑线

是绯红的黎明

正在喷薄

——祖国啊！

我是你十亿分之一

是你九百六十万平方的总和

你以伤痕累累的乳房

喂养了

迷惘的我、深思的我、沸腾的我

那就从我的血肉之躯上

去取得

你的富饶、你的荣光、你的自由

——祖国啊，

我亲爱的祖国！

  舒婷是朦胧诗派的代表作家之一，在诗中她把祖国比拟为伤痕累累的母亲，以赤子之情向母亲倾诉内心的痛苦，表达为祖国的未来而献身的激情和决心。诗人反复运用"我是……"的句式，在向祖国的深情诉说里，融个体的"我"于祖国的大形象里，表达了"我"与祖国生死相依、血肉相连的情感。

  诗人在诗中排列了一系列意象，第一节中就有：水车、矿灯、稻穗、路基、驳船，这些意象跳跃性比较大，我们可以通过图像锁链法将其建立联系，想象在水车上面挂着一个矿灯，矿灯照亮着稻田里的稻穗，稻穗倒下来压到了路基上面，路基的尽头是一只驳船。这样我们就可以将五个意象的顺序记得更牢固。

(知识记忆管理师　张超　绘)

第三节也有很多意象,从"神话的蛛网里挣脱"的"理想""古莲的胚芽""挂着眼泪的笑涡""新刷出的雪白的起跑线""绯红的黎明正在喷薄",我们可以用一个情境故事将它串起来,由"理想"谐音想到电视节目主持人李响,他从蛛网里挣脱下来,吃了一个古莲的胚芽,然后脸上露出了笑涡,他很有力量了,于是在起跑线上跑起来,在终点绯红的太阳正在升起来。

(知识记忆管理师　张超　绘)

第四节,"迷惘的我、深思的我、沸腾的我",我们可以用字头法,变成"迷深沸",形象一点儿就是,米从生的煮沸了。"你的富饶、你的荣光、你的自由"用字头法是"富荣自",谐音为"芙蓉子",想象为芙蓉花的种子。

3. 议论文如何记

议论的文章,根据文体的特点,我们一般会先对文章进行分析,明白其主要论点是什么,分论点是什么,论据是什么,论证的方法是什么,然后绘制出文章的结构图,以这张图来作为骨架,在这个基础上填充细节内容,直到将文章全部记下来。

我们来看看孟子的《鱼我所欲也》(节选):

鱼,我所欲也,熊掌,亦我所欲也;二者不可得兼,舍鱼而取熊掌者也。生,亦我所欲也,义,亦我所欲也;二者不可得兼,舍生而取义者也。生亦我所欲也,所欲有甚于生者,故不为苟得也;死亦我所恶也,所恶有甚于死者,故患有所不避也。如使人所欲莫甚于生,则凡可以得生者,何不用也?使人之所恶莫甚于死者,则凡可以辟患者,何不为也?由是则生而有不用也,由是则可以辟患而有不为也。是故所欲有甚于生者,所恶有甚于死者。非独贤者有是心也,人皆有之,贤者能勿丧耳。

这是一段非常精彩的议论文,中心论点是"生,亦我所欲也,义,亦我所欲也;二者不可得兼,舍生而取义者也。"这个论点是由"鱼"和"熊掌"的比喻引出来的。接下来又使用对比论证,先从正面来说,因为人都有"欲生而不为苟得,恶死而有所不辟"之心,即"羞恶之心";又从反面来说,如果人只是欲生恶死,那就会不顾礼义,什么事都做得出来。因此,重要的是,求生避患不能违背"义"的原则。

下面就是这一段的结构图,以这张图为线索,再结合译文以及排比句记忆的方法，我们可以尝试着把这篇文章记忆下来。

论证思路

《鱼我所欲也》（第一段） {
　提出观点：舍生取义（比喻论证、类比论证）
　阐述观点：（对比论证） { 正面：为义不苟且偷生，不避患 / 反面：用不义的手段而得生避患 }
　归结：人皆有是心也，贤者能勿丧耳
}

4．记文章还有哪些方法

（1）**关键词线索法**。比如背诵孟子的《生于忧患，死于安乐》，先写出："降大任""苦""劳""饿""空""行拂乱""动心""曾益"，再补写出"故天将降大任于是人也，必先苦其心志，劳其筋骨，饿其体肤，空乏其身，行拂乱其所为，所以动心忍性，曾益其所不能。"。这种从字词到句子再到篇章的方法对于联想能力不好的学生很有帮助。

（2）**诵读记忆法**。宋朝教育家朱熹说："要读得字字响亮，不可误一字，不可少一字，不可多一字，不可倒一字……要多读数遍，自然上口，久远不忘。"诵读需要抑扬顿挫，以声音调节增加吟咏的音乐性，有些诗歌和韵文，比如《陋室铭》，通篇押韵，只要找到节奏多加诵读，便可以自然记住。

（3）**抄写记忆法**。这是最传统的方式，但也很有效，抄写时要眼睛看着，心里想着意境，嘴里默默读着，抄写不可过快，字不要太潦草。有些对比或者排比的句式，我们可以通过字体的大小和颜色，将不同点突出出来。对于一些过渡词，比如"虽然""然后""也"等，也可以特别加以区分。抄写的时候，还可以偶尔加一些小插图。

下图是我抄写的《道德经》，这样的空间布局，比密密麻麻挤在一起更容易进行视觉记忆。

（4）定桩记忆法。 如果诗歌或者文章特别长，可以使用定桩法来辅助，比如《长恨歌》有60句，就可以用数字定桩或者地点定桩。在定桩之前需要熟悉文章的内容，在熟读的基础上挑选里面的关键词，切不可过多使用谐音等方式，以免曲解文章意思。

我举一首大家熟悉的律诗为例，白居易的《赋得古原草送别》：

离离原上草，一岁一枯荣。

野火烧不尽，春风吹又生。

远芳侵古道，晴翠接荒城。

又送王孙去，萋萋满别情。

意思是：原野上茂密的青草，枯萎之后在新的一年又长了出来。野火不能把它都烧尽，春风吹来时它又重生。远方的芳草蔓延到古道，翠绿的青草连接到了荒城。又要为朋友送别了，芳草青青像是满含别情一样。

我在房间里找了4个地点，分别是窗台、书本、桌面、纸盒，将每一句诗根据意思想象出画面，呈现在对应的地点桩上。官晶老师的这张绘图，直观再现了我脑海里的画面，供大家参考。

（国际一级记忆裁判　官晶　绘）

很多世界记忆大师能将《千字文》《弟子规》《道德经》《论语》《孙子兵法》等书籍倒背如流，甚至随意点哪一章都能背出来，基本上都使用了地点定桩法，并结合了锁链故事法和字头歌诀法等。我在书籍《超强记忆训练宝典》里，以《论语》为例分享了记忆整本国学经典的策略。大家有兴趣的话，可以先挑一本薄的国学经典，尝试将它流畅背诵下来，并将其践行于生活之中吧！

第七章 • 英语单词记忆法

英语单词如何记？这是我曾经在学习英语时无比困扰的问题。我相信很多人的经历和我类似，在初学英语时，用汉字来标注英文的发音，比如 English 就变成了"英哥历史"，Thank you 就是"三克油"，这样的方式会受到老师的打压，于是我们开始拼着字母记单词，d-e-s-k，desk，凳子，d-e-s-k，desk，凳子，就这样反复地读，手上反复地写，然后反复地忘。

我记得我直到大学，仍然每周都要听写单词，英语课成为我的梦魇，每次课前都是疯狂地抢记单词，哪怕提前好几天就已经记过了，但最终还是很多单词想不起来。考四级时很疯狂地背单词，最后背得想吐血，背到 C 就背不下去了，后来六级干脆就"裸考"（不准备直接上考场）了，因为单词太难背了。

直到我学习了记忆法，才重新拿起六级单词书，花了一周把它重新背了一遍。有了新的方法，刚开始虽然不是很适应，但是背得越来越多之后，速度也越来越快，最好时可以 1 小时背 100 多个单词，而且背英语单词居然可以像玩一样了，因为我在联想的世界中尽情驰骋着，非常有趣。

本章将分享我曾经用过的方法，它不适合零基础学英语的朋友，如果你的词汇量越大，用这种方法就越容易，因为它需要借助你熟悉的单词来进行联想。所以，对于中学生、大学生和英语功底好的成人，它能发挥的作用会更大一些，小学生不建议采用。

第一节
拆分记忆法

《最强大脑》第一季上最震撼的道具当属3D版的《清明上河图》。它长23米、高3米,画中有800个不同人物和70只细节各异的牲畜。要想记下来,必须采取拆分记忆的技巧,将400个细节各个击破。而对于由字母组成的长单词,也可以如此,本节我们来学习一下拆分记忆法!

还记得我们是如何记忆比较复杂的汉字的吗?比如"赢",我们是把它拆分成"亡""口""月""贝""凡"这五个熟悉的汉字,这样记起来就轻松多了。对于英语单词,我们可以将单词拆分成我们熟悉的单词、字母组合,甚至还可以在单词里发现拼音和数字,比如,pang(使悲伤)就和拼音"胖"一样,change(改变)的拼音和"嫦娥"一样。

拆分法则符合"魔力之七"记忆规律,也就是我们一次性记忆信息的量在7个左右,一个12个字母的单词,拆分成3个熟悉的部分后,信息量其实就从12个降到了3个,大大减轻了记忆压力。

最容易拆分的,就是由两个单词复合的新词,比如:

backpack　back 背部 +pack 背包 = 双肩背包
notebook　note 笔记 +book 工作簿 = 笔记本
bookcase　book 书 +case 箱 = 书柜

有些复合词的两个部分或几个部分需要用字母"a""i""o""s"或者"-"等连接后才能构成复合词。比如：

artascope　art 艺术 +a+scope 镜 = 万花筒
dentiform　dent 齿 +i+form 形状 = 齿形的
sportsman　sport 运动 +s+man 人 = 运动员

以上这些单词的意思很容易通过两个单词推理出来，另一些单词则拆分成我们熟悉的单词之后，需要借助我们的联想才能和意思建立联系。比如：

（1）candidate 候选人。

拆分：can 能 +did 做（过去式）+ate 吃（过去式）

联想：能够做又能够吃的人才有资格做候选人。

（2）hesitate 犹豫。

拆分：he 他 +sit 坐 +ate 吃

联想：他坐下来犹豫到底要不要吃。

（3）capacity 容量。

拆分：cap 帽子 +a 一个 +city 城市

联想：帽子大得可以把一个城市都盖上，这容量可真大啊！

像这样能完全拆分的很少见，一般会多出一些字母，我们可以将字母根据形状、读音、拼音、单词等方式联想成具体形象，变成字母代码，具体可参考彩图中的"记忆魔法师字母代码表"。下面举一些单词为例。

（1）bread 面包。

拆分：b 笔 +read 阅读

联想：他拿着笔一边阅读一边咬着面包。

（2）price 价格。

拆分：p 皮鞋 +rice 米饭

联想：用皮鞋装的米饭还能卖出好价格吗？

（3）boom 繁荣。

拆分：boo 数字 600+m 麦当劳

联想：一条街上有 600 家麦当劳，真是繁荣啊！

（4）octopus 章鱼。

拆分：o 鸡蛋 +c 月亮 +top 顶部 +us 我们

联想：章鱼吃着鸡蛋，坐在月亮的顶部看着我们。

练习时间：

（1）smother 使窒息。

拆分：_____

联想：_____

（2）yegg 窃贼。

拆分：_____

联想：_____

（3）belle 美女。

拆分：_____

联想：_____

（4）singe 把……烤焦。

拆分：_____

联想：_____

参考联想：

（1）smother 使窒息。

拆分：s 蛇 +mother 妈妈

联想：蛇缠住了自己的妈妈，使它的妈妈窒息了。

（2）yegg 窃贼。

拆分：ye 夜 +gg 哥哥

联想：夜晚，哥哥的家里进了窃贼。

（3）belle 美女。

拆分：bell 铃 +e 鹅

联想：美女把铃挂在鹅的脖子上。

（4）singe 把……烤焦。

拆分：sing 唱歌 +e 鹅

联想：小朋友把一只会唱歌的玩具鹅烤焦了。

有些单词中会经常出现一些字母组合，我们也可以将其编码并熟记，这样在记单词时也可以将其拆分成熟悉的字母组合。在这里提供一套我的编码供大家参考。

【记忆魔法师字母组合编码】（词首篇）

字母组合	形象编码	你的编码
ab	阿爸（拼音）	
ac	ac 米兰（联想）	
ap	阿婆（拼音）	
ad	AD 钙奶（联想）	
al	ali 拳王阿里（联想）	
ar	爱人（拼音）	
au	Australia 澳大利亚	
bl	白领（拼音）	
br	brain 大脑	
co	Coca 可口可乐	
con	恐龙（谐音）	
com	computer 电脑	
ch	池、尺（拼音）	
cl	clean 清理	
cr	cry 哭	
cu	醋（拼音）	

续上表

字母组合	形象编码	你的编码
dr	敌人（拼音）	
dis	的士（谐音）	
fr	芙蓉（拼音）	
fl	俘虏（拼音）	
gr	工人（拼音）	
gl	glass 玻璃	
im	一毛钱（拼音）	
ph	phone 电话	
pro	（东）坡肉（谐音）	
pr	仆人（拼音）	
sh	ship 船	
sw	swim 游泳	
st	stone 石头	
th	thief 小偷	
un	un 联合国	
tr	tree 树	
wh	White House 白宫	

【记忆魔法师字母组合编码】（词中词尾篇）

字母组合	形象编码	你的编码
cess	射死（谐音）	
cive	师傅（谐音）	
nant	榔头（谐音）	
less	蕾丝（谐音）	
duce	堵车（谐音）	
tiny	踢你（谐音）	
vene	威尼熊（谐音）	
sance	思考者（谐音"三思"）	
vate	waiter 服务员（谐音）	
cure	治愈（单词）	
tory	toy 玩具（谐音）	
tent	帐篷（单词）	
ment	门童（谐音）	

续上表

字母组合	形象编码	你的编码
nent	嫩头青（指不懂事的年轻人）	
nt	难题（拼音）	
cede	割让（单词）	
dent	灯塔（谐音）	
sion	婶（谐音）	
tion	神（谐音）	

如何自创字母组合编码

英文字母只有 26 个，但字母组合却数不胜数，在这里我只是列出了其中常用的一些，大部分是我在记忆单词时总结的。我将临时想到的字母组合专门写在一个本子上，将可能比较常用的选出来记住，以后再遇见时就可以迅速反应。大家也可以在英语学习中不断总结，创建自己的字母组合编码表。自创字母组合编码有下面几种途径：

（1）利用谐音。比如 tion 想到"神"。

（2）利用单词意义。一部分为单词的本身含义，比如，cure 的意思是治愈；有些是单词的某一部分，比如 br 想到 brain 大脑。

（3）利用汉语拼音。有些本身就是完整的拼音，比如 cu 醋，另一种是拼音的声母组合，比如 pr 仆人等。

（4）形象化。比如 oo 像眼镜、olo 像小丑。这两个比较简单，在上表中没有列出。

在实际记单词过程中，我们还需要灵活进行拆分和编码，原则是尽量拆分得少，能有单词就用单词，能有字母组合就用字母组合，实在没有才是单个的字母，这样最终的联想会更简洁一些。

接下来，我们举例来看看具体应用。

（1）contest 比赛。

拆分：con 恐龙 +test 测试

联想：两位科学家在比赛，看谁最先对恐龙进行完测试。

（2）produce 生产，制造。

拆分：pro 东坡肉 +duce 堵车（与拼音相近）

联想：饭店生产出来的大量东坡肉在堵车时都变坏了。

（3）comedy 喜剧。

拆分：come 来 +dy 电影（拼音首字母）

联想：来看电影吧，喜剧片哦！

（4）guitar 吉他。

拆分：gui 跪（拼音）+ta 他（拼音）+r 小草

联想：跪在地上的他对着小草弹吉他。

（5）hobby 业余爱好。

拆分：ho 猴子 (hou)+bb 婴儿（baby）+y 弹弓

联想：猴子生的婴儿的业余爱好是射弹弓。

（6）abrupt 突然的，意外的。

拆分：ab 阿爸 +ru 入 +pt 葡萄（拼音首字母）

联想：阿爸因意外的原因进入葡萄园里。

（7）adolescent 青少年。

拆分：ado 阿斗（与拼音相近）+les 勒索（与拼音相近）+cent 分

联想：阿斗在青少年时期爱勒索一分钱。

（8）brilliant 灿烂的。

拆分：br 病人 +ill 生病 +i 蜡烛 +ant 蚂蚁

联想：病人在生病时点亮了蜡烛，灿烂的光辉照亮了蚂蚁的路。

练习时间：

（1）abuse 滥用。

拆分：_____

联想：_____

（2）nuclear 原子核的。

拆分：_____

联想：_____

（3）scarce 缺乏的。

拆分：_____

联想：_____

（4）pillar 栋梁。

拆分：_____

联想：_____

（5）aluminium 铝。

拆分：_____

联想：_____

参考联想：

（1）abuse 滥用。

拆分：ab 阿爸 +use 使用

联想：阿爸生病使用药品时会滥用。

（2）nuclear 原子核的。

拆分：nu 奴隶（拼音）+clear 清楚地

联想：奴隶清楚地知道原子核的结构。

（3）scarce 缺乏的。

拆分：scar 伤疤 +ce 厕所（拼音）

联想：这座城市很现代化，遍布伤疤的厕所是缺乏的。

（4）pillar 栋梁。

拆分：pill 药丸 +ar 爱人

联想：我喂了一颗药丸给爱人吃，她长高后变成了栋梁。

（5）aluminium 铝。

拆分：a 一 +lu 路（拼音）+mini 迷你 +um 玉米（拼音）

联想：我在一条小路上捡到迷你的玉米，放在铝锅里煮熟。

第二节
比较记忆法

王峰在《最强大脑》上挑战记忆钥匙时,可着实让嘉宾和观众们捏了一把汗,特别是 Dr. 魏让他现场把钥匙绘制出来时,他凭借超强的比较记忆能力,将差别只有一毫米的钥匙区分了出来!而他这种超强的能力用在背单词上也很好使,他曾经只用几天时间就准确无误地记下了 2 000 多个六级考试核心词汇,接下来我就来解密他所采用的其中一种记忆秘诀!

1. 减字母或字母组合

单词由 26 个字母组成,难免会有很多相似的单词,可以利用熟悉的单词来进行比较记忆。我们只需要分辨出不同的部分,便减少了记忆的工作量,比如,solder(焊料)这个单词,如果我们发现它和 soldier(士兵)只差一个字母,就只需要记住 soldier 和减掉的这个"i"即可,如果还难以记下这个单词的意思,我们可以根据情况看是否进行联想。比如可以这样想:士兵点着蜡烛(i)把焊料塞进焊接口,直到蜡烛烧完才弄好。接下来再举一些由熟悉的单词减去一到两个字母或字母组合而变成新单词的例子。

（1）pane 窗格玻璃。

比较：plane 飞机 –l 棍子

联想：飞机上落下一根棍子把窗格玻璃打碎了。

（2）fund 专款。

比较：found 创办 –o 鸡蛋

联想：富翁拿出专款创办了一个鸡蛋基金。

（3）sear 使凋谢。

比较：search 寻找 –ch 池

联想：我们寻找了很久都没有找到池子来浇水，花都凋谢了。

2．替换字母或字母组合

还有一些单词是某个字母或字母组合替换成另一个字母或字母组合，比如：

（1）policy 政策。

比较：police 警察　　e 替换成 y 衣撑

联想：警察拿着衣撑去执行政策，谁不听话就叉谁的屁股。

（2）abject 可怜的。

比较：object 物体　　o 替换成 a 苹果

联想：牛顿研究物体时被苹果砸了一个包，真是可怜的孩子。

（3）scurry 手忙脚乱地干。

比较：hurry 慌乱　　h 替换成 sc 蔬菜（拼音首字母）

联想：厨房里慌乱一团，厨师们手忙脚乱地炒着蔬菜。

3．比较不同部分

还有一种情况，就是两个或更多形近的单词，我们都不认识，这个时候可以通过比较不同的部分进行联想记忆，我们来看看下面的单词。

coast　海岸

boast　吹牛

roast　烘烤

toast　土司

这四个单词后面都以 osat 结尾，只有前面的一个字母不一样，比较容易混淆，我们可以这样来记：c 的形状像是海岸线，b 的形状像喇叭，拿着喇叭来吹牛，r 的形状像是烘烤东西的叉子，t 则是"土司"的"土"的声母。这样一区分，相信你会深刻地记住这四个单词。

再来看一组单词：

beer 啤酒；peer 同龄人；steer 驾驶；cheer 欢呼；sheer 透明的。

这五个单词都以 eer 结尾，我们可以这样来联想记忆：

beer 的 b 长得像不像啤酒肚？这让人很容易就想到"啤酒"。

peer 前面的"pe"再加上 i 就会想到拼音"陪"，和意思"同龄人"很好联想，我们都喜欢陪同龄人玩耍。

steer 前面的"st"，可以想到单词 stone 石头，想象我驾驶着轮船撞到了一块大石头上。

cheer 前面的"che"想成拼音"车"，和"欢呼"可以这么联想：一群人在赛车，旁边的观众在欢呼。

sheer 前面的"she"由拼音联想到"舌头"，想象一个人的舌头是透明的。

尝试回忆一下，看看你记住了吗？

第三节
单词串烧法

"骗子（cheat）的小麦（wheat）加热（heat）能吃（eat）""鸽子（dove）服药（dose）打瞌睡（doze）"，这样记单词有没有吃羊肉串的感觉？因为很多单词的拼写都非常接近，我们可以通过一定的形式，将它们放在一起来记忆，这样可以达到一记记一串的效果，这种方式就是"单词串烧法"。

1. 串烧故事

串烧的形式之一是将单词和意思编成一个故事或者一句话。

知名漫画家蔡志忠老师在《天才与巨匠》这本自传里透露，他出国时英语基本上是零基础，通过自学图像记忆法背单词，他很快达到了能自如交流的水平。他尝试把同样结尾的单词放在一起，并且串成故事来记忆，比如 ark 结尾的单词，他串成了这样的故事：

一只云雀（lark）去一个黑暗（dark）的公园（park），透过星星之火（spark），在树皮（bark）上雕刻鲨鱼（shark）的商标（mark）。

编完故事之后，我们回忆画面时，在每个具体形象处浮现出对应的单词，就能够很好地区分记忆了。我们再来看两个案例。

比如，以 and 结尾的单词有：

band 乐队，绑扎

hand 手

sand 沙

land 土地

stand 站立

串烧：band（乐队）的每位乐手都 band（绑扎）着 hand（手），在 sand（沙）堆成的 land（土地）上 stand（站立）。

（刘熙雯　绘）

又如，以 ring 结尾的单词有：

bring 带来

boring 无聊

spring 春天

string 线、细绳

串烧：他给我 bring（带来）一个 ring（指环），在 spring（春天）我 boring（无聊）的时候，我把一个 string（细绳）系在了指环上。

（刘熙雯 绘）

2．编码串烧

串烧的形式之二是将不同的部分进行形象化编码，也串进故事里面，从而帮助区分。

比如，以 boo 开头的单词有：

boost 促进；增加

boom 繁荣

boon 福利

boor 粗野无礼的人

boot 踢，解雇

串烧：布先生是卖光盘的，他 boost(促进)《疯狂的石头（st）》的销量，使影碟店的生意像麦当劳（M）一样繁荣 boom，所以他的 boon(福利)也增加了 N 倍，但有一天他变成了 boor(粗野无礼的人)（r），经理一脚踢（t）了他屁股，把他 boot（解雇）了。

又如，以 ame 结尾的单词有：

tame 温顺的

shame 羞耻

blame 责备

fame 声誉

frame 框架

flame 燃烧

串烧：他（ta）是 tame(温顺的)，认为伤害(sh)是 shame(羞耻)的，打破玻璃(bl)也是要被 blame(责备)的，所以他 fame（声誉）很好，被发（fa）了很多证书，富人（fr）给它做了一个 frame(框架)，俘房（fl）将它们都 flame（燃烧）了。

这种方法相比上一种会复杂一些，我们也可以尝试通过"故事串烧"的方法先将单词记住，再用上一节"比较不同部分"的方法将单词区分。如果有些单词很容易记住不同的部分，也可以不用刻意区分，只需要将容易记错的联想一下。

3. 口诀串烧

单词串烧的第三种形式是口诀串烧法。

"黑英语"就有很多这种口诀，比如，《不幸的蛇》：

山里有只 snake(蛇)

不知什么 sake(缘由)

一天突然 wake(苏醒)

赶快爬出 lake(湖水)

口里咬着 cake(蛋糕)

尾巴不停 quake(发抖)

农夫抛下 rake(耙子)

杀死剥皮 bake(烤)

这是一个 mistake(错误)

这种口诀类似于"故事串烧"的方式，我有时候在编口诀时，还会借鉴"编码串烧"的方式，将不同的部分变成形象之后，也编进口诀里面。比如以下这六个单词，都是以 ine 结尾的。

mine 地雷；pine 松鼠；tine 尖头；vine 葡萄藤；swine 公猪；sine 正弦。

找不同时，也可以适当加上后面的字母，比如 mine 没有只是选择"m"，而是用"mi"想到"米"，pine 由"pi"想到"皮"，tine 里面的"ti"想到"踢"，vine 里面的"v"想到"漏斗"，swine 里的"sw"由拼音首字母想到"死亡"，sine 里的"si"想到了"丝"。

我编了如下歌诀，单词的意思用下划线突出，不同的部分在括号里注明。

米（mi）里埋<u>地雷</u>，

炸破<u>松鼠</u>皮（pi），

鼠踢（ti）到<u>尖头</u>，

<u>葡藤</u>进漏斗（v），

压<u>公猪</u>死亡（sw），

<u>正弦</u>丝（si）缠满。

这种方式需要花费一定的时间，一般建议在参考单词书的基础上，自己进行适当的改编，这样工程量会小一些。这种方式对于老师教学的帮助更大，如果学生自行运用，难度会大一些。我个人用得更多的，还是上两节里提到的方法。

第四节
网络记忆法

背单词除了"各个击破",还有一种策略是"一网打尽",这就需要使用"网络记忆法"。网络记忆法就是在把握识记对象之间的种种关系后,通过分析归纳、列表绘图、编制系统等手段,把知识内容纳入大脑中原有的知识结构,使其条理化、系统化和形象化。

网络记忆法来背单词,就是利用单词的关联性,通过分类整理的方式编织成单词网络,可以达到记住一个就能够一网打尽的效果,这里使用思维导图是一个不错的选择。

最简单的单词网络是根据物品的属性来分类,比如动物、植物、生活用品等,然后可以继续延伸到相关的单词。下面这张思维导图,由官晶老师绘制,源自南京的何迅老师在《思维导图在小学英语语篇教学中的应用研究》这篇文章里举的案例,老师将主题season(季节)置于中心,延伸出spring(春天),summer(夏天),autumn(秋天),winter(冬天)四季,再询问学生:"How is the weather? It's…(天气感觉怎么样?它是……)""What can you do in winter?（在冬天你能够做什么？）"学生们把想到的单词说出来，老师把它们分别写在后面的分支上，最终学生能很好地根据思维导图完整复述出上面的单词。

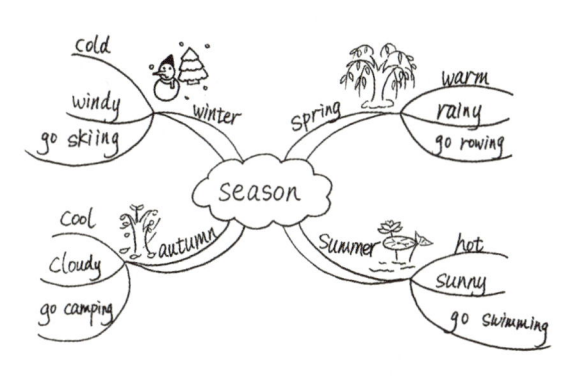

（国际一级记忆裁判　官晶　绘）

另外，结合词根词缀也是一种有效的形式。这张是以词根 act 为中心的单词网络，比如加上了后缀 ive 变成了 active（活动的），加上前缀 re 变成了 react（反应），让我们将 act 相关的单词尽收眼底，全盘吸收。

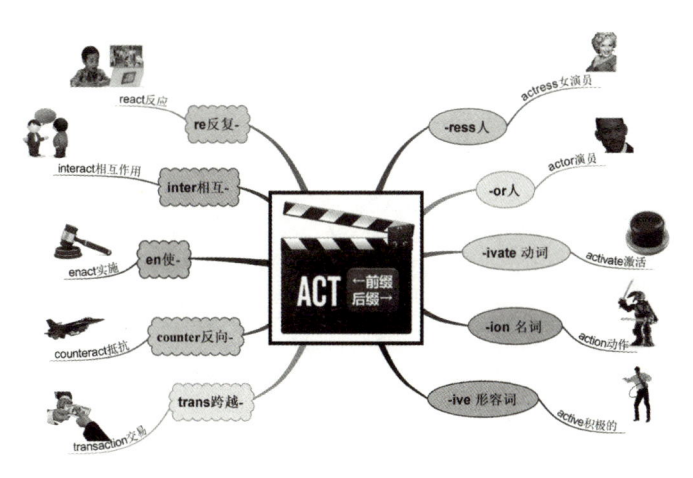

（文魁大脑导图战队导师　余祖江　绘）

蒋志榆老师编写了一本《史上最强的单词记忆法》，将一个单词从词性、近义、反义、短语四个维度进行拓展，每个单词都延伸出来10个单词。这本书做的整理工作对于想短时间内增加词汇量的同学而言，是一个不错的选择。目前，用思维导图记单词的书籍非常多，大家可以根据自己的英语水平挑选合适的。当然，也需要结合其他记忆法，达到最佳的记忆效果。

第八章 • 文理科记忆法

《最强大脑》节目中，以坚持科学标准的魏坤琳为代表的理科生，和感性温情的梁冬为代表的文科生，曾经数次在对话中擦出火花，让"文理科之争"又一次成为社会热议的话题。不过，如今的新高考选科制度，让文理科生的界限消失了，有些学生会选择"文理兼修"，我觉得这是一件好事情。

不论是文科还是理科，各门学科学习的基础都是记忆力，而使用记忆法会让学习如虎添翼。《最强大脑》"全球脑王"陈智强，在中考前就用记忆法背历史和政治知识，他甚至能将内容所在的页码都记下来，所以在中考时拿到了高分。读高中时，因为录制《最强大脑》和参加世界记忆锦标赛，他断断续续请了三个多月的假，回去考试有些科目还是第一名，他最终考取了西交利物浦大学。

据我估计，在中国的"世界记忆大师"里，曾经是理科生的不在少数，比如王峰、李威、刘苏、郑爱强、李俊成、王点点等。而一些颇有成就的理科名人，记忆力也很突出，比如物理学家朗道，各种定理公式信手拈来；数学家陈景润，对公式定理烂熟于心；曾任微软全球副总裁、百度总裁的张亚勤，拥有过目不忘的记忆力，这让他学习一路开挂，12岁考上中科大少年班，23岁获得博士学位。

本章的内容，文科部分我的经验相对较丰富，理科部分我邀请了一些学理科的记忆高手，我们一起举例分享记忆法在文理科的应用。这些学科要记的知识非常庞杂，我无法全部呈现，只能抛砖引玉，希望感兴趣的中学生能在此基础上思考完善，探索出适合自己的记忆方法。

第一节
历史记忆法

历史是一个很考验学生记忆力的科目，经常有历史系大学生感叹："不学历史，不知道记忆力差。"要在上下五千年的中外历史里记住浩如烟海的琐碎知识，需要综合运用记忆里的"降龙十八掌"，针对不同记忆材料的特点采取恰当的记忆方法。我选取了几个专题，分享我和国际记忆大师吕柯姣、焦典等老师在教学中的案例，供大家参考。

1. 历史事件的年代

在学习历史时，很多同学对于历史年代非常头疼，经常抱怨："我把那些历史事件记住不就得了吗？干吗要这么准确地背这些年代，太难记了。"但是历史年代就像是地球上的经纬度一样，是历史事件发生最重要的因素之一，孤立于年代来谈事件，无异于空中楼阁。其实只要掌握了好的记忆方法，相信历史年代对于大家来说也是小菜一碟。具体记忆方法有很多。

（1）**联系史实法**。历史年代看似是没有意义的数字，却一定程度上有意义。比如，不论 1949 这四个数字出现在哪里，你都会联想到中华人民共和国成立。记历史年代一定要与该年发生的历史史实联系起来，在学习时可以把同一年的事件写在一起，特别要注意不同事件之间的联系，比如由这个事件引发了另一个事件。另外在回忆时，比如我们知道太平天国金田起义是在鸦片战争之后，那么回忆时就会在1840年之后去想，而不会超过这个界限。

另外，也不是所有的历史事件都要记忆，只需要记住一些关键性的事件，比如世界近代史中，1640年（英国资产阶级革命爆发）、1775年（北美独立战争爆发）、1789年（法国大革命爆发）、1848年（《共产党宣言》发表）、1871年（法国巴黎公社革命）、1905年（俄国革命开始）、1914年（第一次世界大战爆发）、1917年（俄国十月社会主义革命）等，抓住了这些重要的年代，其他年代可以在熟悉史实的基础上推导出大致的年代来。

（2）**特征观察法**。这种方法需要我们寻找数字在排列上的某种特征规律，抓住特点就相对好记了。但是这并不是一种主流的历史年代记忆法，因为有特征的年代毕竟是少数。

①整数、重复、对称：

公元前1600年 商朝建立

公元前1300年 商王迁都殷

222年 吴国建立

1616年 努尔哈赤建立金

1881年 苏丹马赫迪反英大起义

616年 瓦岗军起义

②顺序、数列：

1234年 蒙古灭金

1789年 法国资产阶级革命开始

③数学计算：

公元前 525 年 波斯征服埃及（5 的平方是 25）

636 年 阿拉伯与拜占庭会战（6 的平方是 36）

1644 年 清军入关（16=4×4）

（3）**谐音联想法**。公元前 221 年，秦始皇统一六国。（"前 221"谐音为：钱儿而已，想象秦始皇花了一点钱儿而已，就把六国统一了。）

618 年，唐朝建立，封建制逐步走向顶峰。（"618"谐音为：牛尾巴，想象在水塘里，一头牛在摇尾巴，庆祝自己走向了人生巅峰。）

960 年，北宋建立。（"960"谐音为：嚼榴梿，"北宋"谐音为：背诵，想象学生在背诵课文时，嘴里还在嚼榴梿，把老师熏坏了。）

1776 年，《独立宣言》发表，标志着美国建立。（"1776"谐音为：一起骑牛，想象一只美丽的金鸡单脚独立站在牛身上发表宣言，然后说："快来，朋友们，一起骑牛！"）

（4）**代码联想法**。使用数字代码来联想记忆，是我们参加世界记忆锦标赛使用的方式，有选手通过这种方式 5 分钟可以记忆 130 个历史年代。如果我们熟练掌握数字代码，任何历史年代对你而言都是小意思。

1689 年 中俄签订《尼布楚条约》（用石榴 16 蘸着芭蕉 89 汁在尼龙布上签条约。）

1839 年 林则徐虎门销烟（林则徐从腰包 18 里掏出三角尺 39，用它来销毁鸦片烟。）

1951 年 西藏和平解放（工人 51 拿着衣钩 19 和平解放了西藏。）

（5）**以熟记新法**。

①根据熟知的历史年代：

知道 1818 年马克思诞生，恩格斯比马克思小两岁，即 1820 年诞生；列宁又比恩格斯小 50 岁，即是 1870 年。

②根据熟悉的人物时间：

以自己喜欢或熟悉的人物生日等特征时间为基数来推导。假设一位教授生于 1966 年，这一年中国第一颗装有核弹头的地地导弹飞行爆炸成功，"文化大革命"也爆发了；教授 1 岁时，第一颗氢弹空爆试验成功；教授 10 岁时，周恩来、朱德、毛泽东逝世，唐山大地震！

③根据熟知的数字代号来联想记忆：

公元前 119 年，张骞第二次出使西域。119 可以联想到火警。张骞第二次出使西域时遇到了火灾，拨打了火警电话。

前 120 年，万神殿建立。120 可以联想到医疗急救台，建立万神殿的工人累病了，赶紧去拨打 120 急救电话。

另外，熟悉的区号、邮编、门牌号、公车号、电话号码等都能帮上忙。

（6）串联歌诀记忆法。

①时间相同相近串记：

1861 年美国南北战争，俄国农奴制改革，中国总理衙门建立。串联编成歌诀：哑巴留意（1861）美南北，俄国农奴中衙门。
1941 年苏德战争、太平洋战争爆发，中国发生"皖南事变"。串联编成歌诀：苏德战争不太平，一就是一（1941）碗难平。

②时间间隔串记：

隔一年、五年、十年、百年、千年等都行，把它们归纳在一起来记忆。

1841 年广州三元里抗击英国侵略军，1851 年金田起义，1861 年总理衙门建立，1871 年马克思写成《法兰西内战》，1881 年《中俄伊犁条约》签订。

串联编成一句话：哑巴（18）露出三（颗）金牙来洗衣（41）。

辛亥革命是1911年，二次革命是1913年，护国运动是1915年，护法运动是1917年，都是间隔两年。

串联编成一句话：红孩（亥）儿（二）不遵守国法，两年被惩罚一次。

1937年平型关大捷，1938年台儿庄战役，1940年百团大战，1940年汪精卫成立伪国民政府，1941年皖南事变。

串联编成歌诀：七瓶八抬拎百尾，一碗南瓜惹事变。"七瓶八抬"想得形象点就是七瓶酒有八个人来抬。

2. 巧记历史知识点

例2：明代的历史人物及其著作。

①李时珍——《本草纲目》；

②宋应星——《天工开物》；

③徐光启——《农政全书》。

这样成对出现的信息，除了死记硬背外，可以采用配对联想法。

李时珍的著作是《本草纲目》，如果脑海中没有"李时珍"的形象，可以用"鞋子拆观众"的形象转化技巧，想成大理石做的珍珠（李时珍），把本子上面的草（本草）碾碎在钢做的眼睛（纲目）上。

（陈柏宇　绘）

宋应星的著作是《天工开物》，"宋应星"谐音为"送硬星"，"天工"联想到天上的工人。想象他们打开礼物盒，送发光的硬星给人类来照明。

（陈柏宇　绘）

徐光启的著作是《农政全书》，想象在发出徐徐的光的启明星（徐光启）下，有人正在给全体农民发政治书（农政全书）。

（陈柏宇　绘）

例2： 第二次工业革命"内燃机和新的交通工具"方面的成就。
①奥托发明了煤气内燃机；
②戴姆勒发明了汽油内燃机；
③狄塞尔发明了柴油内燃机；
④本茨发明了由内燃机驱动的汽车。

这四个信息很容易张冠李戴，可以挑取关键词来配对联想。

奥托和煤气，想象奥特曼手里托着一个煤气罐。

戴姆勒和汽油，想象戴着口罩的保姆，用绳子勒住了汽油桶，汽油从里面喷了出来。

狄塞尔和柴油。"狄"我一般会想到古代的神探狄仁杰，想象他塞住耳朵，用柴点燃了油，"嘭"的一声就爆炸了。

本茨和汽车，"本茨"谐音联想到"奔驰"，就非常好记了。另外，还可以想到捧着课本的比尔·盖茨，正在汽车里阅读。

3. 条约和改革等内容

例1：《南京条约》的主要内容。
①开放五处通商口岸（广州、厦门、福州、宁波、上海）；
②中国海关收取英商进出口货物的关税，由双方商定；
③赔款白银2 100万两；
④割占香港岛。

世界记忆大师吕柯姣是这样记忆的："南京"谐音为"蓝鲸"，想到用蓝鲸的口、手（前鳍）、肚子、尾巴来定桩记忆。

口：宁波、福州、上海、厦门、广州用字头歌诀法想到"波福上厦广"，谐音为"伯父上下逛"，将"口"想象成是通商口岸，这里有个伯父在上下逛。

手：想象这只手正在和英商握手，彼此已经商定好进出口货物的关税。

肚子：2 100可以将21谐音为鳄鱼，00想到两个鸡蛋，想象鳄鱼从蓝鲸白白的肚子上刮下来两个鸡蛋。

尾巴：尾巴像刀子一样，用它割占了香港岛。

例2：《中华民国临时约法》的主要内容。

①中华民国主权属于国民全体；

②国内各民族一律平等；

③国民有人身、居住、财产、言论、出版、集会、结社、宗教信仰等自由；

④国民有选举权和被选举权；

⑤确立行政、立法、司法三权分立的政治体制；

⑥规定实行责任内阁制，内阁总理由议会的多数党产生。

这六点信息是并列的内容，可以尝试挑取关键词，使用锁链故事法来记忆：监狱里全体国民都举着拳头（主权），他们穿着民族服饰站在平地上等待（平等），监狱的大门一开，他们都获得了自由，去内部的阁楼（内阁）里选举总理，三根权杖立在地上（三权分立），手按上去就可以投票了。

（杨俊霖　绘）

这个故事记住了关键词，但还有一些细节没记住，比如第三点有8个自由，为避免原来的故事太长，可以单独串成故事：一个人（人身）居住在个人私有财产的家里，将言论整理成书出版，然后到集会上去推广，读者自发结成社团（结社），最终成员太多，变成了一个宗教。

（杨俊霖　绘）

另外，如果你不知道第五点的"三权分立"，可以将"行政、立法、司法"挑取字头"行立司"，谐音并增字为"行李司（机）"，想象运送行李的司机。

例3：明治维新的内容。

①政治方面，"废藩置县"，加强中央集权；

②经济方面，允许土地买卖，引进西方技术，鼓励发展近代工业；

③社会生活方面，提倡"文明开化"，向欧美学习，努力发展教育。

可以用口诀记忆法，分享一个口诀：

废藩置县中集权,

土地买卖西技工,

文明开化学教育。

例4：北魏孝文帝改革的措施。

①494年迁都洛阳；

②在朝廷中必须使用汉语，禁用鲜卑语；

③官员及家属必须穿戴汉族服饰；

④将鲜卑族的姓氏改为汉姓，把皇族由姓氏拓跋改为姓元；

⑤鼓励鲜卑贵族与汉族贵族联姻；

⑥实行汉族的官制、律令；

⑦学习汉族礼法，尊崇孔子，以孝治国，提倡尊老、养老的风气。

改革的措施比较多，我们可以用情境故事法、万物定桩法等来记忆，世界记忆大师吕柯姣使用的是字头歌诀法。

第一点挑取"都"，第二点"使用汉语"，归纳出一个字就是"说"，第三点选择"服"，第四点选择"姓"，第五点挑取"姻"，第六点挑取"官"，第七点挑取"礼"。

调整顺序之后，变成"都说姓福姻官礼"，谐音后变成"都说幸福因观礼"，可以解释为：人们都说幸福是因为观看了结婚典礼。你可以想象结婚典礼的现场，观众一脸幸福的画面。

4. 事件的原因及意义

例1：经济全球化趋势的原因。

①随着新航路的开辟，世界各民族、各地区的经济联系开始增多；

②工业革命后，世界市场迅速扩大；

③二战以来，交通运输技术的发展，特别是20世纪90年代以来信息技术的迅猛发展，把世界各国各地区更加紧密地联系在一起；

④跨国公司和各种国际组织成为经济全球化的强有力的推动者；

⑤两极格局的瓦解为经济全球化扫清了障碍；

⑥绝大多数国家都实行了市场经济体制，推动了世界经济向全球化发展。

历史事件的原因，一般可以通过历史、政治、经济，民族关系、对外关系、思想文化等角度来进行记忆。对于具体内容，也可以挑取关键词，通过锁链故事法或者定桩记忆法来记忆。

先来看关键词，第一点挑取"新航路""经济联系"，第二点挑取"世界市场"，第三点挑取"交通运输""信息技术"，第四点是"跨国公司""国际组织"，第五点是"两极格局瓦解"，第六点是"市场经济"。

世界记忆大师焦典编的故事：一个商人沿着新航路去世界各地开拓市场，他开着轮船运货（交通运输），通过互联网沟通（信息技术），在不同的国家开办了公司（跨国公司），甚至连南北两极（两极格局）都开拓了市场（市场经济）。

另外，他还尝试使用万物定桩法，使用一个购物车来辅助记忆。他将购物车分成扶手、购物筐、轮子三个部位，每个部位记住两点，并通过绘图记忆法呈现。

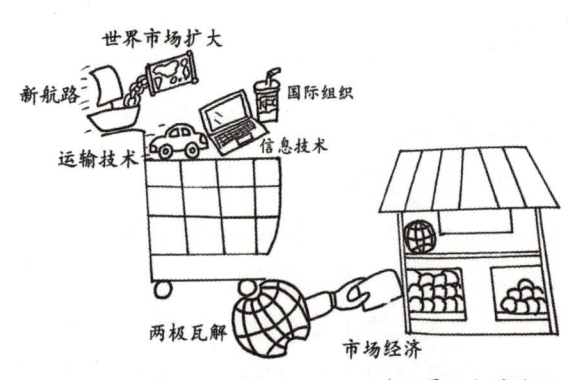

（世界记忆大师　焦典　绘）

扶手上，船沿着新航路用链子（联系）戳破了一张很大的世界地图（世界市场扩大）。

购物筐里，一辆玩具汽车（交通运输技术）撞到了电脑（信息技术），电脑碰倒了一杯 KFC（跨国公司）的饮料。

轮子压破了地球仪的两极（两极格局瓦解），这个地球仪是在市场上用钱买的（市场经济）。

例2：五四运动的历史特点及意义。

①五四运动是中国近代史上一次彻底的反帝反封建的革命运动，把中国人民反帝反封建的斗争提升到一个新的水平线上。

②五四运动广泛地动员和组织了群众，是一场真正的群众性的革命运动。青年学生起了先锋作用，工人阶级第一次作为独立的政治力量登上政治舞台，运动后期发挥主力军作用。

③五四运动促进了马克思主义在中国的广泛传播，促进了马克思主义同中国工人运动的结合，为中国共产党成立做了思想和干部上的准备。

④五四运动是中国新民主主义革命的开端。五四运动后，无产阶级代替资产阶级成为中国革命领导者。

这四个点内容看起来比较多，但只要能记住核心关键词，记忆就会很容易。由"五四"谐音想到"舞狮"，可将其分成前脚、舞狮人、狮子背、狮子头这四个部位来定桩。

前脚：想象狮子用前脚把穿军装的洋人和长辫子的中国人（反帝反封建），踢飞到地上的一条新的水平线上。

舞狮人：前面的人是青年学生，担任先锋，后面是一个工人，当狮子前脚腾空而起时，后面的工人独自在舞台上，承担着所有的力量，发挥了主力军的作用。

狮子背：背上背着很多本马克思主义著作，工人运动经过狮子面前时,每个人都会领一本,看完就加入共产党,成为党的干部。

狮子头:给狮子头上的眼睛安上新的明珠(新民主),工人和农民(无产阶级)站在头顶上担任领导,指挥后面的狮子。

例3:科举制创立的意义。

科举制的创立,是中国古代选官制度的一大改革,加强了皇帝在选官和用人上的权力,扩大了官吏选拔的范围,使有才学的人能够由此参政,推动了教育的发展。此后,科举制成为历朝选拔官吏的主要制度,一直维持了约1 300年。

世界记忆大师吕柯姣用绘图记忆法来记忆。她先用简笔画画了一个皇帝,前方是三个官吏,分别是A、B、C,他们身后画一条弧线和三个箭头,代表着"扩大了官吏选拔的范围"。一个箭头指向"有才学的人",他站在台阶上,台阶中间有老师在教学(教育的发展)。台阶下方,省略号后写着1 300,代表"科举制一直维持了约1 300年"。

(世界记忆大师 吕柯姣 绘)

第二节
地理记忆法

地理是一个文理兼有的学科，自然地理包括宇宙、大气、海洋、陆地等，主要属于理科内容，学习时应该强调理解重于记忆，侧重于对地理原理、规律的理解运用，联系实际来分析和解决问题。人文地理和区域地理主要属于文科内容，适合采用偏文科的学习方法，在理解的基础上巧用记忆法非常重要。

在之前讲解记忆方法时，我举例讲解了国家和首都、城市和别称、东盟十国、全国省市和自治区等案例，这里通过几种方法再多分享一些案例，帮助你更好地将记忆法用于地理学科，成为"上知天文，下知地理"的博学之士。

1. 字头歌诀法

例1：我国的四大高原是青藏高原、内蒙古高原、黄土高原、云贵高原。四大盆地是塔里木盆地、准噶尔盆地、柴达木盆地、四川盆地。三大平原是东北平原、华北平原、长江中下游平原。

这三个知识点，每个都可以单独使用"字头歌诀法"，比如"四大高原"，调整顺序编成字头为"云内青黄"，想象在高原上的云内部，是青黄相间的颜色。"四大盆地"挑取"柴川塔尔"，谐音为"拆穿塔儿"。"三大平原"可以挑取"长东华"，谐音为"长冬花"，冬花可以想成冬瓜开的花。

世界记忆大师吕柯姣将其一起串起来，挑的字头是"高青黄云内，四达盆木尔，平原长东华"，谐音之后是"高清黄云内，四大盆木耳，平原长冬花"。想象一下，高清（720 P）的黄云内有四大盆木耳，平原上的冬瓜开出了花。

（李清馨 绘）

2. 口诀记忆法

例1：秦岭淮河一线的地理意义。

①温暖带与热带的分界；
②半湿润区与湿润区的分界；
③水田与旱地的分界；
④南方与北方地区的分界；
⑤温带季风气候与亚热带季风气候的分界；
⑥河流有无结冰期的分界；
⑦1月0℃等温线通过的地方；
⑧800毫米年等降水量通过的地方。

挑取关键词并画线之后,世界记忆大师焦典将其编成口诀:
暖热湿润水田旱,
南北温亚河结冰,
1月0度八百毫。

例2:中国的地形区界线。
①内蒙古高原和东北平原界线:大兴安岭;
②黄土高原和华北平原界线:太行山脉;
③四川盆地和长江中下游平原界线:巫山;
④云贵高原和青藏高原界线:横断山脉;
⑤准噶尔盆地和塔里木盆地界线:天山山脉。

世界记忆大师焦典划出重点之后,编成了口诀:
股(古)东兴,
黄花(华)行
市(四)长巫,
青云横,
准塔天。

可以想象成这样的画面:股东很兴奋,在黄花上行走,市长变成巫师,将青云变成一横,准备用它将塔撞上天。

3. 锁链故事法

例1:雨林保护的措施。
①加强环境教育,提高公民环保意识;
②设立国际基金,使当地从管理和保护中获益;
③加强雨林管理和保护,建立自然保护区;
④鼓励保护性的开发方式,如雨林观光、生态旅游等;
⑤森林选择性采伐与更新造林相组合;
⑥加强雨林缓冲区的建设,减少移民和农耕进入雨林区的

机会。

我在记忆这六个点时，首先通读并选择关键词，在编故事时，考虑到调整顺序并不影响，我按照倒序的方式编了如下故事，并且用绘图记忆法呈现。

一个农民在雨林缓冲区外农耕，然后移动进入雨林区，选择了一些树木来砍伐，并且又种上了一些树。过了一会，来了很多观光客，请求他作为导游并保护他们的安全。农民带他们来到自然保护区，进去之前要捐钱来设立国际基金，并听一堂课来接受环保教育。

下面是这个故事的配图，主要是帮助读者更好地想象画面。你可以对比上面绘图记忆法的图，看出彼此的不同。

（裴心爱　绘）

例2：亚洲和欧洲的分界线，分别是乌拉尔山脉、乌拉尔河、里海、大高加索山脉、黑海、土耳其海峡。

吕柯姣老师用绘图记忆法来呈现故事:"乌拉尔山"想象成一只乌龟耷拉着耳朵在爬山,接下来它过了一条河(乌拉尔河),河水汇到海里面(里海),海中间有一座又高又大绑着锁链的山脉(大高加索山脉),山的背面是黑色的大海(黑海),里面藏着一只兔子,它的耳朵很奇怪(土耳其)。

(吕柯姣 绘)

4. 定桩记忆法

例1:解决我国资源短缺的途径。

①培养节约资源的意识;

②开发新材料、新能源;

③加强资源保护的立法工作,依法保护自然资源;

④改进技术,提高资源利用率,加强资源的回收和循环利用、增殖使用;

⑤扩大铁矿石、石油等重要资源的进口渠道。

吕柯姣老师尝试用万物定桩法,在人的身上找到五个部位,分别是大脑、眼睛、耳朵、嘴巴、鼻子。

"大脑"要定桩记忆"培养节约资源的意识",因为意识一般是在大脑里面产生的,想象大脑里面有"节约资源"的标语。

"开发新材料、新能源"和"眼睛"怎么联想呢?想象眼睛上面戴的太阳镜,是用新材料做的,可以吸收储备太阳能。

"耳朵"要记住"加强资源保护的立法工作,依法保护自然资源。"可以想象耳朵旁边有一个法官在立法,然后对着耳朵在讲法律知识。

"改进技术,提高资源利用率,加强资源的回收和循环利用、增殖使用。"可以想到鼻子对空气的呼与吸。采用了新技术的呼吸机,可以加强对空气的回收和循环使用、增殖使用。

"嘴巴",与"扩大铁矿石、石油等重要资源的进口渠道"里的"进口"很容易关联。想象铁矿石、石油通过管道进到嘴巴里。

(刘熙雯 绘)

例2:传统工业区的概况。

传统工业区,例如德国鲁尔工业区、英国中部工业区、美国东北部工业区、我国辽中南工业区等,一般是发展历史比较长久的工业地域。很多传统工业区都是在丰富的煤、铁资源基础上,以煤炭、钢铁、机械、化工、纺织等传统工业为主,以大型工业企业为核心,逐渐发展起来的工业地域。传统工业区在各国以至世界工业发展过程中起过重要作用,但目前普遍面临着原料和能源消耗大、运输量大、污染严重等问题。20世纪50年代以后,尤其是70年代以来,传统工业区经济开始衰落，为此，各国采取多种措施对传统工业区进行改造。

在记忆这一段内容时，我划出了一些重点，并且由"传统工业"联想到了一辆汽车，由"德"和"的"同音，进而联想到一辆的士。我于是使用的士的部位来定桩记忆，请结合配图和文字来看一看。

"德国鲁尔工业区、英国中部工业区、美国东北部工业区、我国辽中南工业区"，在的士的顶灯处有一对耳朵，代表"鲁尔"，的士中间有一朵蒲公英，代表"英国中部"，在东北方有一个美女，代表"美国东北部"，在中间偏南的位置有一只鸟，代表"辽中南"。

"煤、铁"我想到的士是铁制的，而轮子是一个蜂窝煤。"煤炭、钢铁、机械、化工、纺织"我用字头法想到"机织钢化煤"，谐音为"几只钢话梅"，它们被压在蜂窝煤下面。

"原料和能源消耗大、运输量大、污染严重"，想象从加油孔加入了很多的汽油，运输到车子里后，从尾气里排出黑气，污染空气。

（朴振明　绘）

例3：解决我国能源紧张问题的调整措施。
①采取多元化战略，进口石油；
②建立石油储备体系；
③加大能源勘探、采取，增加能源产量；
④加快西电东送、西气东输工程建设；

⑤稳妥发展核电；

⑥因地制宜地发展沼气、太阳能、水能、风能、海洋能等；

⑦加大技术革新，提高能源的利用率；

⑧加强宣传，提高公民节约能源的意识；

⑨实现产业升级，适当限制耗能大的工业发展；

⑩利用乙醇汽油。

这里分享一种少用的定桩法，叫作"汉字拆字定桩法"，将题目的关键词"能源"，拆成"厶""月""匕""氵""原"，接下来每一个记忆两点信息。

厶，要记忆"采取多元化战略,进口石油"和"建立石油储备体系"，想象有很多圆形管道将石油从"厶"的右上角注入，并且将石油储存在这里备用。

月，想到电影《大话西游》里的月光宝盒，它和"加大能源勘探、采取，增加能源产量"和"加快西电东送、西气东输工程建设"联想，想象月光宝盒可以用来勘探能源，并且瞬间将电、气等输到西部。

匕，可以想到匕首，"稳妥发展核电"的重点是"核"，想象用匕首切开桃子拿出桃核，然后在早晨（"沼"的谐音）太阳升起后，去海边一边吹着海风一边玩水，这样就记住了"发展沼气、太阳能、水能、风能、海洋能等"。

氵，读为"三点水"，可以想到"山水"，与"加大技术革新，提高能源的利用率"和"加强宣传，提高公民节约能源的意识"联想，可以想到画山水画的技术革新了，可以充分利用颜料，在山水画上写上"节约能源"的标语，贴在墙上来加强宣传。

原，想到草原。怎么与"实现产业升级，适当限制耗能大的工业发展"和"利用乙醇汽油"联想呢？可以想象在草原上有一家工厂，工厂升级改造后，用乙醇汽油作为原料来生产，耗能就变小了。

第三节
政治记忆法

很多学生在初中学习《道德与法治》、高中学习《思想政治》的时候，觉得比较抽象且内容繁多，不太容易记忆。特别是高中政治，包含经济与社会、政治与法制、哲学与文化等部分，还需要关注最新的时事政治，如果只是死记硬背和理解记忆，记忆起来会很痛苦。而且，读大学本科和研究生以及考公务员等考试，政治也是必不可少的。

学习政治学科，要学会阅读课本，先阅读目录和导言部分，然后全面细读课本，归纳总结出主要内容，画出思维导图或知识结构图。梳理出大纲之后，一些难记的抽象知识，可以结合记忆法来强化记忆，接下来看看我和焦典、曾俊颖等老师分享的教学案例。

1. 字头歌诀法

例1：五位一体总体的布局——经济建设、政治建设、文化建设、社会建设、生态文明建设。

这五个是并列关系，调整顺序并挑取字头，是"政经文社生"，适当谐音一下变成"正经文社生",想到一本正经的文学社学生。

例2:消费者应享有哪些权利?①安全权。②知情权。③自主选择权。④公平交易权。⑤依法求偿权。⑥结社权。⑦获得教育权。⑧人格尊严与风俗习惯获得尊重权。⑨监督权。

在使用字头歌诀法时,如果有两个或三个字头正好组成一个词,就可以调整顺序将它们放在一起,比如第④点的"公"和第①点的"安"组成了"公安",还有第②点的"知"和第⑤点的"偿",组合在一起之后谐音变成"职场"。

剩下的再来组合,最终变成歌诀"职场尊结择,公安监教。"谐音的版本是"职场尊竭泽,公安尖叫。""竭泽"可以想到成语"竭泽而渔",想象一下,在职场里面,领导遵从竭泽而渔的方式,破坏了市场,所以公安发出尖叫,来制止这样的行为。

2. 锁链故事法

例1:宪法的基本原则。

①党的领导原则;

②人民主权原则;

③尊重和保障人权原则;

④社会主义法治原则;

⑤民主集中制原则。

由"宪法"想到"宪法修正案",由"民主"想到了投票,于是编成如下的故事:在人民大会堂里,在党的领导之下,人民群众集中在一起进行民主投票(民主集中制),大家举起拳头(主权),人人拳头(人权)里都拿着选票,来为宪法修正案(法治)投票。

例2:实践在认识中的决定作用。

①实践是认识的来源;

②实践是认识发展的动力；

③实践是检验认识是否具有真理性的唯一标准的；

④实践是认识的目的。

哲学知识的记忆，我们可以联系生活来记忆。如果难以准确记忆，也可以辅助用记忆法。先挑选关键词：实践、来源、动力、标准、目的，将它们转化成图像，"实践"谐音想到石剑，"来源"想到水流的源头，"动力"想到马达，"标准"想到标尺，"目的"想到靶子。

然后，用图像锁链法串起来：石剑（实践）插在了河流的源头，河水涌出来，冲击着动力十足的马达（动力），马达落到岸边的标尺（标准）上，标尺飞出去击中了靶子（目的）。

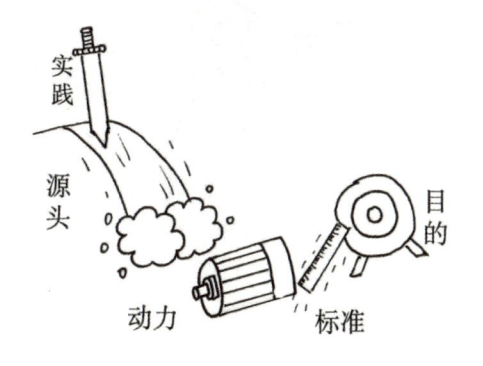

（焦典　绘）

例3： "辩证的否定观"的内容包括。

①辩证的否定是包含肯定的否定；

②辩证的否定是事物的自我否定，是事物自身肯定因素和否定因素矛盾运动的必然结果；

③辩证的否定是发展环节和联系环节；

④辩证的否定的实质是"扬弃"。"扬弃"就是既克服又保留——克服旧事物中的消极因素，保留积极因素。

"辩证"很容易想到辩论赛,你可以想到某位辩论高手,他穿着胸口画着×(否定观)的衣服,手提包里装着钉子(包含肯定)。然后,他拍着身上的×(自我否定),从身上拿出来矛和盾(矛盾运动),对方辩友吓得头发都展开了(发展),赶紧打电话(联系)叫队友来助阵,没有队友过来,于是对方就扬旗投降了(扬弃)。

用这个故事可以把关键词记下来,根据它们再尝试把内容复述出来。记住后还需要联系实际加强理解,才能够在考试中更好地运用哦!

(朴振明 绘)

3. 定桩记忆法

例1:我国依法治国的重要意义。

①依法治国有利于加强和改善党的领导;

②依法治国是发展社会主义民主、实现人民当家作主的根本保证;

③依法治国是发展社会主义市场经济和扩大对外开放的客观要求;

④依法治国是社会文明进步的显著标志;

⑤依法治国是国家长治久安的重要保障。

由"依法治国"想到与法律有关的神兽：獬豸（xiè zhì），它能辨曲直，是司法"正大光明""清平公正"的象征，很多法院都有獬豸的雕像。我们可以用它来定桩记忆，找到前爪、嘴巴、背、后腿、头顶五个部位来记忆5个内容。

前爪，想象党员在前爪面前举手宣誓，獬豸的前爪也举起来在宣誓。

嘴巴，想象人民排着队在往嘴巴里投票（民主），来选举出人民的代表（人民当家作主），代表拍着胸保证要为人民服务。

背，背上坐着一位客官（客观要求），他打开批发市场（市场经济）的大门让外国人都进来（对外开放）。

后腿，后腿挂着一个文明劝导员的袖标（文明进步的显著标志）。

头顶，头戴治安警察的帽子来保障安全（长治久安的重要保障）。

（裴心爱　绘）

例2：新时代下，如何推动经济发展？
①必须加快转变经济发展方式；
②坚持走中国特色新型工业化、信息化、城镇化、农业现代化道路；

③牢固树立创新、协调、绿色、开放、共享的发展理念；
④有效推进供给侧结构性改革；
⑤健全城乡发展一体化体制机制。

这个案例的记忆用锁链故事法、万物定桩法等很多方法都可以，这里我们尝试一下数字定桩法。

01 灵药（灵芝）：经济学家吃了灵芝之后，头发舒展开来（发展），改变了开方程式赛车（方式）的方向。

02 铃儿：巨大的铃儿将城镇（城镇化）压坏了，街道两旁的工厂（工业化）都倒了，喷出来很多封信（信息化），粘在农田里的机械上（农业现代化）。

03 三脚凳："创新、绿色、协调、开放、共享"可以用字头歌诀法想到"新绿鞋开供"，想象新的绿色鞋子摆在三脚凳上开始卖，理发师在一边念叨着（理念）："新绿鞋开始供应啦！"

04 零食（瓜子）：饲养员把瓜子扔到公鸡的侧面（供给侧），公鸡在哄抢中撞到了钢结构建筑（结构性改革）。

05 手套：戴着手套的巨大手掌，把城里的房子和乡下的农田，拉到一起了（城乡发展一体化）。

（王馨慧　绘）

4. 联系生活法

例1：我国非公有制经济的作用是促进经济增长、繁荣市场、方便人民生活、解决就业。

可以联想到我居住的小区，开了一家便民小超市，买东西不用跑到很远的地方，方便了居民的生活。超市雇佣员工起到了解决就业的作用，因为超市的生意好，小区内又开了几家超市，繁荣了市场，同时超市作为第三产业，拉动了其他相关产业的发展，起到了促进经济增长的作用。

例2：货币具有价值尺度、流通手段、贮藏手段、支付手段和世界货币五种基本职能。

可以联想到自己拿着一沓钞票到水果摊前，一个苹果面前你放五元钱，一个橘子面前放三元钱，这体现了货币的价值尺度的职能；你付钱给水果摊店主买了一个苹果，这体现了货币的流通手段的职能；店主用钱给员工发工资，这时货币充当了支付手段；一个员工将钱存在家里，这体现了货币的贮藏手段的职能；另一个员工拿着这些钱去国外消费，货币执行了世界货币的职能。

例3：感性认识和理性认识的辩证关系。

区别：①含义不同：感性认识是对事物现象的认识，理性认识是对事物本质和规律的认识；②程度和水平不同：感性认识是认识的低级阶段，理性认识是高级阶段；理性认识比感性认识更正确、更可靠、更深刻；③作用不同：理性认识能比感性认识更好地指导实践。

联系：①理性认识依赖于感性认识；②感性认识有待于发展到理性认识。

由这个知识点，我联想到牛顿与苹果的故事。苹果掉下来会砸到头，这只是"感性认识"；牛顿通过思考推算出"万有引力定律"，这就是"理性认识"。苹果砸头只是事物现象，是认识的低级阶段，而万有引力定律则揭示了本质和规律，它更加正确、深刻，而且它把地球上的物体运动和天体运动的规律统一起来。这一理性认识对于人类发现哈雷彗星、海王星、冥王星等实践都起到了指导作用。

"万有引力定律"的提出离不开苹果砸头这一事件的深入观察和思考，所以"理性认识依赖于感性认识"，而很多人可能也被苹果砸过头，却没有提出什么规律，所以"感性认识有待于发展到理性认识"。

第四节
理科记忆法

学理科需要记忆力好吗?在很多理科比较强的学生眼中,认为理科知识更强调理解和运用,他们往往不屑于记忆。然而基本的公式、定理、常识以及典型例题,如果不加以熟记,关键时刻可能会掉链子,导致在考场上"遭遇滑铁卢",所以学习理科同样需要好的记忆力。

理科的记忆,一般以逻辑理解、结合实验、寻找规律、推导演算等为主,但遇到非常难记的,也可以使用记忆法。本节从概念定理、知识、实验、公式四个方面,举数字、物理、化学、生物学科的一些案例作为示范,供你参考。

1. 概念定理

例1: 光的反射定律。

光线在真空或介质中会沿着直线前进,当光行进在两个不同介质的界面上,会有部分光线反射回同一介质。当光线发生反射时,反射的光线满足"入射角"等于"反射角"的关系,且入射光与反射光均在界面的同一边。

我们可以结合书中的图片或者老师的实验，在加强理解之后，再用自己的话表达出来。

也可以使用口诀记忆法，将定律的规律浓缩为"三线共面、两角相等"。

例2：阿伏伽德罗定律。

在相同的温度和压强下，相同体积的任何气体，都含有相同数目的分子。

我们可以精简为"四同"：相同温度、相同压强、相同体积、相同分子数。进一步缩记为：同温、同压、同体、同分。

也可以使用字头歌诀法想到"温压体分"，想象温度计压着体育考试的分数。

例3：牛顿运动定律。

第一定律　任何物体都保持静止或匀速直线运动状态，直到其他物体对它作用的力迫使它改变这种状态为止。

第二定律　物体受到外力作用时，所获得加速度的大小跟作用力成正比，与物体的质量成反比，加速度的方向跟作用力的方向相同。

第三定律　两物体之间的相互作用力总是大小相等、方向相反，且作用在一条直线上。

我们可以借助生活实践来联想记忆。由"运动"想到健身房的跑步机，想象我在跑步机上先是静止的，开机后匀速地跑步，如果跑步机没有关机、调速或者没有人拉我，我会一直以这样的速度跑步，这是第一定律。

接下来，教练突然抓住我用力往前推，他的力度越大，我向前冲的速度就越快，但他推旁边那个200斤的相扑运动员，居然纹丝不动，因为加速度的大小与物体的质量成反比，这是第二定律。

最后是第三定律,他推相扑运动员,运动员没有动,他自己反而沿着直线往后倒退了几步,他推得越重,就倒退得越远,因为"相互作用力总是大小相等"。

2. 知识

例1: 生物圈中多种多样的生态系统,包括草原生态系统、湿地生态系统、海洋生态系统、森林生态系统、淡水生态系统、农田生态系统、城市生态系统。

这些系统之间是并列关系,颠倒顺序并不影响,我在《记忆魔法师:学习考试实用记忆宝典》里将它称为"花瓣模型",可用的方法包括字头歌诀法、锁链故事法、定桩联想法等。

里面的关键词"草原""湿地"等,我比较熟悉,所以优先选择字头歌诀法。字头是"草湿海森淡农城",谐音为"炒湿海参,淡浓成",想象一个人在炒湿海参,加佐料的时候,淡点浓点都成。

例2: 常见食品的保存方法有脱水法、腌制法、巴氏消毒法、真空包装法、罐藏法、冷藏法、盐渍法等。

初中生全脑高效学习营学员夏梓杰挑取了这些关键字:"脱腌巴真藏冷渍",调整顺序并谐音后变成歌诀"燕子真冷藏拖把",想象燕子真冷呀,于是藏在拖把里取暖。

例3: 化学元素周期前面20号元素。

氢氦锂铍硼,

碳氮氧氟氖,

钠镁铝硅磷,

硫氯氩钾钙。

这个比较类似于字头,只需要适当谐音,变成更有意义的故事即可,下面括号里是世界记忆大师赵美君谐音后的内容。

氢氦锂铍硼（侵害鲤皮烹），

碳氮氧氟氖（摊蛋养父奶），

钠镁铝硅磷（那美女桂林），

硫氯氩钾钙（留绿牙嫁丐）。

故事画面是这样的：一个女人侵害鲤鱼，用它的皮烹饪，摊鸡蛋养父亲和奶奶。那个美女去了桂林，留一口绿牙嫁给了乞丐。

（张靖宜 绘）

如果想把化学元素的符号、读音、序号都记住，也可以尝试用数字定桩法，我以前面的 5 个为例。

① H 氢：想象在一个椅子（H）上面，我用蜡烛（1）在烧一个氢气球，氢气球"嘭"地爆炸了。

② He 氦：河（He）里面有一只鹅（2），鹅看到河中央有个孩（氦）子，它用嘴巴去啄孩子，在害（氦）他。

③ Li 锂：想象我把锂（Li）电池装在耳朵（3）里面，将它变成了可以自己扇动的机械耳朵。

④ Be 铍：蜜蜂（英文是 bee，联想到 Be）穿着金属做的皮衣，

驾驶着帆船(4)在水上行驶。

⑤B 硼:想象站在石头上的朋友(硼),用笔(B)插到了秤钩(5)里面,用秤钩去称东西。

依此类推,你可以将所有元素都记住,并且可以做到任意点背。

例4:血液、血浆、血清的区别。

	颜色	成分	作用
血液	红色	血浆和血细胞	运输、防御、保护、调节
血浆	淡黄色半透明	不含血细胞,含纤维蛋白原	运载血细胞,运输营养物质和废物
血清	黄色透明	不含血细胞,不含纤维蛋白原	提供基本营养物质,使机械组织免受损伤

对于这样的比较表格,我们要先观察有没有特定的规律。从"颜色"来看,从上往下,红色、淡黄色半透明到黄色透明,这个渐变的规律很好记。从"成分"来看,血液是由血浆和血细胞组成的,血浆不含血细胞,但含纤维蛋白原,血清里血细胞和纤维蛋白质均不含。从上到下,所含成分越来越少。

那"作用"该怎样记忆呢?可以和前面的分别配对联想,世界记忆大师吕柯姣是这样联想的:

血液的作用是运输、防御、保护和调节,可以编成故事:想象一辆运输车正在运输重要的血液,有坏人要来抢它,车上的武装力量防御了坏人的入侵,保护好血液,并把它们调节到需要的地方。

血浆的作用是运载血细胞,运输营养物质和废物。由"血浆"想到"豆浆","血细胞"想到"包子",有个人一边喝豆浆,一边吃包子,它们可以给身体运送营养物质,吃完了排出去就会变成废物。

血清的作用是提供基本营养物质，使机械组织免受损伤。由"清"想到了清朝的士兵，我们给清兵提供营养快线，让他们去保护机械，以免它们受到损伤。

3. 实验

例1：空气中氧气含量测定实验的步骤如下。
①连接装置，检查装置的气密性；
②在集气瓶内加入少量水；
③把集气瓶剩余容积五等分，用黑笔做上标记；
④用弹簧夹夹紧乳胶管；
⑤点燃红磷后，伸入集气瓶，产生大量白烟；
⑥赶紧把胶塞塞紧；
⑦燃烧结束，冷却后，打开弹簧夹。集气瓶里水面上升了约 1/5 的体积。

对于实验步骤的记忆，如果能够现场看老师的实验演示，然后闭眼在脑海中回忆步骤，效果会更好。如果没有看过，也可以结合书中的图片来想象步骤，在脑海中模拟几遍实验。如果实验步骤比较多，我会将每个步骤放在一个地点桩上，方便记忆顺序。

另一种方式是使用口诀记忆法，分别挑取关键词"检气""加水""标""夹管""点磷""胶塞""打开夹"，然后将其串成口诀"检气加水标夹管，点磷胶塞打开夹"。熟背之后，慢速回忆口诀，依次想到每个步骤的操作画面，如果再动手做一两遍，印象就更加深刻了。

例2：实验室制取氧气的步骤如下。
①检查装置的气密性；

②将高锰酸钾装入试管中，在管口塞一团棉花并用带导管的塞子塞紧；

③用铁架台和铁夹把盛有药品的试管固定起来；

④给试管点火加热；

⑤用排水集气法收集一瓶氧气；

⑥导管移离水面；

⑦用灯帽熄灭酒精灯。

用字头歌诀法，挑取字头变成"查装定点收离熄"，谐音为"茶庄定点收利息"，想象一个茶庄到了定点就要收利息，所以茶客都会提前离开。

（马依依　绘）

例3：电学实验中应注意的几点内容。

①在连接电路的过程中，开关处于断开状态。

②在闭合开关前，滑动变阻器处于最大阻值状态，接法要一上一下。

③电压表应并联在被测电阻两端，电流表应串联在电路中。

④电流表和电压表接在电路中，必须使电流从正接线柱进入，从负接线柱流出。

这里面每一条内容都比较多，可以尝试使用定桩法，这里示范的是数字定桩法，由物理学硕士白宇晨提供。

1 的代码是蜡烛，想象用蜡烛把开关烧断。

2 的代码是鹅，想象鹅举起最大号的滑动变阻器在练习举重，动作是一上一下的。

3 的代码是耳朵，把电压表用冰冻（并联）的方法连在左耳上，右耳上用绳子串起很多个电流表。

4 的代码是帆船，想象把电流表和电压表安装在帆船正中的接线柱上面。

4. 公式

例1：和差化积公式。

$\sin\alpha + \sin\beta = 2\sin[(\alpha+\beta)/2] \cdot \cos[(\alpha-\beta)/2]$

$\sin\alpha - \sin\beta = 2\cos[(\alpha+\beta)/2] \cdot \sin[(\alpha-\beta)/2]$

$\cos\alpha + \cos\beta = 2\cos[(\alpha+\beta)/2] \cdot \cos[(\alpha-\beta)/2]$

$\cos\alpha - \cos\beta = -2\sin[(\alpha+\beta)/2] \cdot \sin[(\alpha-\beta)/2]$

通过观察，发现规律是这样的：前面两个公式左边都是 sin 开头，只有加减号不同。右边都有 2、$[(\alpha+\beta)/2]$、$[(\alpha-\beta)/2]$，第一个 sin 在前，第二个 cos 在前。后两个公式左边都是 cos，在左边为加号的时候，等号右边都是 2 倍的 cos，左边为减号的时候，等号右边为负 2 倍的 sin。找到规律后，就非常好记了。

例2：完全平方差，是指两数差的平方，等于它们的平方和减去它们的积的 2 倍。公式：$(a-b)^2 = a^2 - 2ab + b^2$。

平方差，指两个数的和与这两个数差的积，等于这两个数的平方差。公式：$a^2 - b^2 = (a+b)(a-b)$

有的数学老师会分享口诀记忆法，完全平方差的口诀：完全平方有三项，首尾符号是同乡，首平方、尾平方、首尾二倍放中央；首±尾括号带平方，尾项符号随中央。平方差的口诀：平方差公式有两项，符号相反切记牢，"首加尾"乘"首减尾"，莫与完全公式相混淆。

我编了一个简化的口诀，平方差"a+b"的"+"代表"相爱"，"a-b"的"-"代表"相杀"，口诀是：相爱乘相杀，平方再相杀。完全平方差，$(a-b)^2$代表"相杀"之后再平方，a^2+b^2代表平方之后再"相爱"，$2ab$代表它们结合生的龙凤胎，口诀是：相杀平，平相爱，少了一对龙凤胎。

例3：焦耳热计算公式：$Q=I^2Rt$。Q为电路放出的热量，I指电流大小，R为电路的电阻，t为经历的时间。

公式比较简单，却容易记错字母，可以将字母形象化之后，编成这样的故事：鲁迅笔下的阿Q把两根电线（I^2）接在烧焦的耳朵（焦耳）上，结果被电得嗷嗷大叫："来人（R）啊，救我啊！"停止后一看时间（t），才过了几秒。

例4：万有引力定律：$F=G \cdot m_1m_2/r^2$。任意两个质点通过连心线方向上的力相互吸引，该引力的大小与它们的质量乘积成正比，与距离的平方成反比，与两物体的化学本质或物理状态以及中介物质无关。

由万有引力想到了牛顿，可以进行这样的联想：我真服（F）了牛顿这哥（G）们，情人节同时给MM（妹妹）1号和MM（妹妹）2号送玫瑰（rose，代表r）说爱（2）你，看，被苹果砸了吧！

例5：库仑定律：$F=kq_1q_2/r^2$。真空中任意两个点电荷通过连心线方向上的力相互吸引。该力的大小与它们的电荷量乘积成正比，与它们距离的平方成反比。

库仑，想到仓库里的轮子，故事的画面是这样的：仓库里有一个轮子飞（F）了,一路开（k）到了蛐蛐1号（q_1）和蛐蛐2号（q_2）住的两根草（r^2）旁边。

例6：生成二氧化碳的化学方程式：

$$CaCO_3+2HCl=CaCl_2+H_2O+CO_2\uparrow$$

化学方程式，一般可以通过观察实验来记住产生的物质，通过配比来记住里面的数字，如果有一些很难记，可以适当用故事法来联想。

想象一个人吃了大理石（$CaCO_3$），喝了2瓶稀盐酸后很不舒服，胃里面充满了二氧化碳，拉稀拉出了水和绿色的钙（氯化钙 $CaCl_2$）。

例7：$3Cu+8HNO_3$（稀）$=3Cu(NO_3)_2+4H_2O+2NO\uparrow$

$Cu+4HNO_3$（浓）$=Cu(NO_3)_2+2H_2O+2NO_2\uparrow$

这是两个比较容易混淆的公式，可以放在一起来记忆：易混点主要是 Cu 和 HNO_3 的数量，分别是 3：8 和 1：4，以及产生的是 NO_2 还是 NO。$Cu(NO_3)_2$ 和 H_2O 的数量根据化学平衡很容易就知道了。

联想的故事如下：妇女节（38）一位女神对稀饭说 NO，结果不小心喝了一瓶浓硝酸，男友说她："你要死（14）呀，喝浓硝酸，还喝了二（二氧化氮）倍的量！"

第九章 • 提升记忆力的十大妙招

如果你遇到了严重的记忆困扰，先要对记忆差的原因做正确的评估，这样才能针对性地采取措施来提升记忆力。目前很多医院都开设了"记忆门诊"，武汉大学人民医院"记忆门诊"的毛善平主任医师介绍了一些情况。

"不少人反映自己最近一段时间老爱忘事、记忆力变差、反应变慢。经诊断，绝大多数是因为压力、睡眠、心理等问题引起的。经过一定的对症治疗和健康教育，这类患者是可以恢复或改善记忆力的。也有少数人的记忆力下降问题，是由于脑部其他器质性疾病造成的，如脑部肿瘤、脑炎、甲状腺功能减退等，或因酒精、艾滋、梅毒等因素的影响。这时就需遵医嘱对症治疗。"

如果你的记忆力问题并非由特殊疾病引起，想要将记忆力提升到更高水平，学习记忆法是非常好的。同时，你还需要通过不同方法来为大脑赋能，我从医、食、住、行、思等多个角度，为你分享十个提升记忆力的妙招。

这一章的内容涉及不同专业，读者需要自行判断是否适合自己，也可以在求证后再践行。我邀请文魁大脑导图战队导师庄晓娟绘制了一张思维导图（见彩插页），供你更加整体地学习。请你选择喜欢的妙招，将其变成你的生活习惯，你会因此拥有更好的记忆力。

第一节
学习环境法

从"昔孟母,择邻处"的故事里,可见居住环境会影响学习结果。调查显示,良好的学习环境会让用脑效率提高5%～35%,并且可以延缓和消除大脑疲劳。我参考了《大脑潜能开发——脑灵有术66妙招》等书籍,结合个人的实践经验,总结出七条帮助提升学习效果的环境魔法。

(1)书桌摆放。把书桌摆在房间的北侧,朝北而坐,能让人沉静下来吸收知识。如果北侧不可行,就放在东侧。书桌不宜摆在房间正中央,而且书桌后应有可依靠的东西,避免没有安全感。另外,座位不要背朝门,会使人经常要提防来自背后的危险导致精神紧张;也不要正对着窗户,这会让人难以专心学习。

(2)摆饰简洁。学习时想要集中注意力,视线所及之处,不要有玩具、漫画、手机、电脑等。书房尽量不要堆太多杂物,对不需要的东西做断舍离。另外,可以摆放一株赏叶类植物,比如芦荟、绿萝、仙人掌、虎尾兰、吊兰等,它们能散发出自然清新的气味,能使大脑紧张的神经变松弛。

(3)光线适宜。科学家已经证实,在昏暗的房间里待太久,可能会改变大脑的结构，进而影响记忆和学习能力。过强或五颜六色的光线，会干扰大脑中枢高级神经的功能，使人感到烦躁甚至眩晕，影响思维判断。对于学生学习的书房，灯具的光源色温建议选择在 2 700 K ~ 4 100 K 之间，颜色发黄且柔和，光线要均匀，瓦数控制在 60 W 左右。

（4）空气充足。大脑是全身耗氧量最大的器官，氧气充足才能提高大脑的学习效率。在密闭的房间里待的时间太长，会出现头晕、目眩、记忆力减退等现象，书房要经常开窗通风，每天 3 ~ 4 次，每次 30 分钟。如果在环境污染严重的城市，可以选择在空气相对较好的时段通风如上午 10 点和下午 3 点左右。另外，阴天不宜多开窗，因为污染物不易消散。如遇空气质量差时，可用空气净化器、香薰机来净化空气。

（5）温度适宜。研究表明，气温在 18 ℃时，大脑思考问题最为敏捷；超过 35 ℃以上，大脑的消耗会明显增加，让人感到烦躁不安、精神倦怠；温度低于 10 ℃，会使人萎靡不振。如果有条件的话，可以把室温恒定在 24 ℃左右，并保持室内外温差不超过 7 ℃。但不建议长时间待在空调房内。

2008 年，我在备战世界记忆锦标赛时，9 月在没有空调的自习室里训练，每次记忆时都是满头大汗，训练无法专注，记忆效果大打折扣。2009 年 11 月在伦敦比赛时，赛场的空调开得比较热，我穿着单衣，但还是觉得燥热，导致我在强项中发挥失常，后来，我调整室温和衣服后，才恢复状态，在快速扑克项目夺得了铜牌。可见，选择合适的温度来学习和记忆很重要。

（6）声音柔和。40 分贝是正常的环境声音的水平，当噪声在 80 ~ 85 分贝时，人往往很容易激动、感觉疲劳、头痛；95 ~ 120 分贝时，人会有前头部钝性痛，并伴有易激动、睡眠失调、头晕、注意力不集中、记忆力减退等症状。

不同的人对于声音的敏感度不同，有些人喜欢绝对安静的环境，一点风吹草动就会影响他的学习；有些人则喜欢在快餐店里学习或工作，觉得这样效率更高。一般情况下，适当有一点声音，反而会增加环境的活力。我在学习和写作时，一般都会播放一点轻音乐，比如写这段内容时，我正在单曲循环播放巫娜的《开悟》。

（7）颜色选对。淡绿色或淡蓝色可使人感到平静，易于消除大脑疲劳，提高用脑效率。而深红色、深黄色可对人产生强烈的刺激，使大脑兴奋，随后则指向抑制，故学习环境的墙壁、天花板、窗帘等都应以淡蓝色、淡绿色为宜。我书房的窗帘、墙壁就是淡蓝色的。

蓝色可以激发学习热情，使用条纹和格纹图案比较好。如果是女孩，则以浅蓝色为主，搭配粉色或橙色等较暖的颜色。另外，可以用蓝色系的文具。书房和小孩子的房间，墙壁也可以用白色或象牙色，这样能提升工作和学习的效率。

看完以上七点，你有没有想要改变学习环境的冲动？外在的环境会影响我们内在的心境，尝试动手调整一下吧！

第二节
健脑饮食法

健康的大脑,从吃好一日三餐开始。吃对了,你也可以吃出最强大脑!关于健康饮食,美国大脑健康之父、脑影像专家丹尼尔·亚蒙教授在《简养脑》《大脑勇士》等书籍里,总结出一些保持大脑健康的饮食建议:

(1)食用高质量的精益蛋白质。蛋白质帮助平衡血糖,保持大脑的健康。获取精益蛋白质可以多吃鱼、鸡肉、牛肉、豆类、高蛋白质的蔬菜和谷物等。

(2)食用低糖、高纤维的碳水化合物。通常而言,蔬菜、水果、豆类、坚果和五谷杂粮是不错的选择。

(3)限制脂肪摄入,食用 ω-3 系列脂肪酸的健康脂肪。缺乏 ω-3 会增加患抑郁症、焦虑症、注意力缺陷障碍等疾病的风险,我们可以通过食用三文鱼、核桃、绿叶蔬菜、豆腐、虾这些食物中补充它们。

(4)进食不同颜色的天然食品来增强抗氧化能力。吃具有抗氧化能力的食物,可以大大降低出现认知障碍的风险,使你的大脑保持年轻。"地中海饮食"推荐按照彩虹色谱来吃水果、蔬菜以及鱼类等,比如蓝色有蓝莓,红色有石榴、西红柿,黄色有南瓜、香蕉等。

(5)吃能改善乙酰胆碱的食物。乙酰胆碱对学习、记忆力和联想非常重要,缺乏它会导致人的认知功能降低,难以学习新知识。为了保持头脑敏锐,可以多吃鸡蛋、肝脏、三文鱼和虾。

这些建议提供了一些健脑食物,那怎样做才能更加美味呢?《家常健脑菜300例》《健脑益智菜汤粥》是我家中备用的菜谱,你可以买回去换着花样做。

除了正餐,在合适的时间吃适当的零食,也是有益于身心健康的,可以临时充饥、锻炼牙齿还能调节情绪,有助于恢复大脑活力。我综合了《健康脑》等书籍之后,从水果、坚果两类来分享一些提升记忆力的零食。

1. 水果类

(1)柑橘。柑橘富含维生素A、维生素B1以及维生素C,属于典型的碱性食物。适量吃一些柑橘,能提升大脑性能,增强记忆力。

(2)香蕉。香蕉含有大量的碳水化合物以及各种果胶和维生素B,维生素B能够帮助维持大脑细胞的正常运作,含有的大量钾元素能够提高记忆力。

(3)蓝莓。野生蓝莓富含抗氧化物质,可以清除体内杂质。在小白鼠身上进行的试验结果表明,长期摄取蓝莓能加快大脑海马部位神经元细胞的生长分化,提高记忆力,还能减少高血压和中风的发生概率。

(4)菠萝。菠萝富含维生素C和锰,常吃具有生津、补脾胃、固元气、益气血、改善记忆的作用。

（5）杏子。杏子中的维生素 A 和维生素 C，可有效地改善血液循环，保证脑供血充足，有利于大脑增强记忆力。

（6）牛油果。牛油果又称鳄梨、油梨、酪梨，在世界百科全书中，酪梨被列为营养最丰富的水果，有"一个酪梨相当于三个鸡蛋""贫者之奶油"的美誉。它含有大量的油酸，是短期记忆力的能量来源，正常人每天吃半个即可。

（7）葡萄。葡萄富含维生素 C、维生素 A 等，有增进人体健康和治疗神经衰弱以及过度疲劳的作用。美国一项研究表明，食用葡萄或者饮用葡萄汁可减轻甚至逆转记忆衰退，这是由于葡萄皮和葡萄籽中的抗氧化物质多酚所起的作用。

2. 坚果类

（1）核桃。核桃是公认的补脑佳品，也深受记忆比赛选手的喜爱。美国饮食协会建议，每周最好吃两三次核桃。核桃中所含的精氨酸、油酸、抗氧化物质等，对预防冠心病、阿尔茨海默病等都很有帮助。核桃也是提升记忆力的必备坚果。

（2）花生。花生富含卵磷脂，常食能改善血液循环，抑制血小板凝集，防止脑血栓形成，可延缓脑功能衰退，增强记忆力。花生消化吸收率较低，过量食用会加重胃肠负担，需引起注意。

（3）葵花子。葵花子能治失眠，增强记忆力，让思维更敏捷，对预防癌症、高血压和神经衰弱有一定作用。

（4）松子。松子特别适合用脑过度人群食用，它所含的不饱和脂肪酸具有增强脑细胞代谢，维护脑细胞功能和神经功能的作用。谷氨酸含量高达 16.3%，它有很好的健脑作用，可增强记忆力。

（5）榛子。榛子有丰富的脂肪、蛋白质和糖类，维生素种类、含量比其他坚果要高,被誉为"坚果之王"。常吃榛子有助于保护我们的大脑,提高记忆力。

这五种坚果,可以挑取字头"核花葵松榛",谐音为"荷花窥松针",就能够轻松地记住了。如果不想只吃一种,也可以买混合坚果零食,学习、工作之余可以吃一把,给大脑补充能量。

印度智者萨古鲁说:"你要吃哪种食物,不应该取决于你的价值观和道德观,也不取决于你对食物的看法,而是取决于身体的需要。"在选择食物时,可以多听一听身体的声音,我这两年开始减少食用含有化学添加剂的零食,身体会自然地产生排斥。如果饭前就很饿了,我更愿意选择水果或坚果来充饥。

除了选择食物,吃饭时的身心状态也很重要。当你经历了愤怒、伤心等负面情绪时,不要马上进食,这样对脾胃有很大的伤害。我家孩子如果刚闹完情绪,孩子妈妈会让她在旁边先平复心情,等到她内心平静之后再来吃饭。在吃饭前后,默默去感恩创造美食的厨师、家人、农民和天地间的万物,也感谢食物愿意成为我身体的一部分,这样会让食物更能滋养我们的身心。

进食时,不要一边吃一边玩手机,或者兴奋地交谈,也要减少在吃饭时想东想西。2022年3月,我家的墙上贴上了"止语安静"等字,一家人在吃饭时不能说话。在静默中,吃菜时觉察到自己在吃菜,吃饭时觉察到自己在吃饭,如果开始想着其他事情,就把自己拉回到当下。吃的时候,我会多咀嚼几次,这样会品出以前未曾察觉的滋味。在这个过程中,身体也自然地淘汰一些食物,你的饮食偏好可能会有所改变,变得更有益于身心脑的健康。

第三节
益智茶饮法

古人云："宁可一日不食，不可一日无茶。"茶是世界流行的三大非酒精性饮料之一，在历代医书中，都说茶叶具有止渴、润肺化痰、清神、止咳等功效。然而，喝茶对于提升记忆力也有帮助哦！

瑞士巴塞尔大学一项试验发现，常喝绿茶在短期内会增强大脑可塑性，提高短时记忆力。茶叶中的茶多酚有助于大脑进行局部调节，改善记忆力，提高学习效率。儿茶素既能改善记忆，又能改善人脑的认知功能。

不仅是绿茶，英国纽卡斯尔大学埃德·奥凯洛博士在《植物疗法研究》上发表文章说，喝红茶可以防止记忆衰退。随着年龄增长，记忆力的减退与乙酰胆碱水平降低有关。而喝茶，可以阻止一种酶的合成，这种酶会破坏乙酰胆碱。

到底要喝绿茶还是红茶呢？可以根据你的喜好、季节以及身体条件来定。除了绿茶和红茶，以下三款特色茶饮也可以提升记忆力哦！

1. 全桂圆茶

陈允斌老师在《茶包小偏方喝出大健康》里分享的茶，适合普通人在秋冬季节饮用，可以补血养心，预防记忆力减退。

选择带壳的干桂圆500克。将桂圆放在加面粉的清水中泡10分钟，冲洗干净。加7杯清水下锅，水开后转小火煮1小时左右，直到汤汁的颜色变深，大约煮到还剩2杯水时关火。过滤出桂圆水，晾凉后装瓶，放入冰箱冷藏，可以放5天。每次取半杯，直接饮用或加开水稀释饮用。

2. 核桃苹果茶

此茶适用于心脾气虚引发的心慌健忘、夜寐多梦等症状，也可以辅助改善记忆力，养神健脑。

取核桃仁60克、苹果2个，红糖适量。将苹果洗净，去皮剁碎，与核桃仁一起放入容器中，加水适量，先用大火煮沸，再改用小火煨煮30分钟后，加入红糖稍煮即可，每天可以饮用两次。

3. 龙眼枣仁茶

有助于补脾安神、健脑益智，适用于心脾血虚引发的心悸、乏力、失眠等，也可以改善健忘的症状。

取龙眼肉、炒枣仁各10克，芡实12克。洗干净后，加适量清水，一起煮2次，每次30分钟，取汁饮用。

我平时很少进厨房，在我爱人晓雪的影响下，有时会直接用小茶壶放少量原材料，放在炉火上面煮，一边煮一边喝。有些茶饮也可以直接用开水泡在保温杯里，在学习和工作的间隙喝。

第四节
运动益智法

美国国立卫生研究院发起的"人类脑计划"研究表明，运动可以明显增加大脑神经纤维、树突、突触的数量，促进大脑的发育，降低认知功能下降的风险，另外会给大脑供氧，让大脑专注学习，提升记忆的效果。持续的运动还会让大脑的海马体产生新的神经元，这正是大脑负责记忆力的区域。

哪些运动对大脑帮助很大呢？我曾在其他书籍里推荐了慢跑、羽毛球、跳绳、游泳四种运动，本书我再推荐五种运动：

1. 步行

脚被称为"人体的第二心脏"，步行可改善心脏功能，促进血液循环，促进大脑物质涌出，使大脑神经细胞活跃，让大脑更清晰。法国作家蒙田说："如果我坐下来，我的思想就不畅通。我的双腿走动，脑子才活跃。"

步行健脑的要诀，《大脑潜能开发——脑灵有术66妙招》里这样分享：一是选择人流量少、空气较好、离车辆远的地方，如果能够在公园、森林里更好；二是时间要恰当，每天太阳升起之后，以及下午3点左右，如果每周3次，每次不少于30分钟，效果更好；三是挺胸收腹，目视前方，上半身略向前倾，双臂自然在身体两侧摆动，呼吸自然均匀。运动强度应由小到大，运动时间应由短到长。

如果觉得普通步行方式有些单调，可以变换不同的走法，比如踮起脚尖走，像芭蕾舞演员一般；侧着走，双臂抬起，脚向身体一侧迈出，另一条腿跟随，如同横行的螃蟹；还可以倒退走，能提高人体平衡能力和身体的灵活性；另外可以尝试用足跟走，展开双臂保持身体平衡。

我平时在家办公，长期久坐，经常会被爱人拉到小区散步，或者在阳光晴好时，开车到长江边、东湖边去散步。每次散完步，感觉神清气爽，思路清晰，有时在散步时还会有写作灵感来敲门。2023年，我坚持了几个月每天散步的习惯，散步时觉知自己的呼吸和念头，专注于到当下的每一步中，这叫作"正念行走"或"禅行"。它帮助我觉察身心的状态，回归内心的平和，并让大脑保持空灵。

2. 骑自行车

我平时短距离出行会选择共享单车，自己也买了一辆山地自行车，天气晴好时会去东湖绿道骑车，我很喜欢那种御风骑行的感觉。加拿大西安大略大学的运动机能学家做过一项研究，经过10分钟的骑行，大脑的反应速度变快，在认知功能方面提升了14%。那骑自行车为何可以健脑？

一是因为可以锻炼腿部，改善血液循环，踩踏时脚底在按摩涌泉等穴位，有助于大脑和心脏的健康。

二是因为骑行时会遇到各种路况，需要较强的平衡能力和精细的空间感觉，能提高大脑的判断和反应能力。

三是因为两脚交替运动，能促进大脑两半球功能的平衡提高，增强智力，预防记忆力减退。

3. 打乒乓球

美国梅奥诊所神经专家说，奥运会的比赛项目中，乒乓球、羽毛球、跆拳道、皮划艇这四项最健脑。打乒乓球，能很好地锻炼打球人的反应能力，身体各部分的协调能力，因而刺激大脑的相关区域，使大脑更加强健。

4. 打太极拳

练习太极拳，要求精神高度集中，意守丹田，动静结合，是修身养性、健脑益智的一项运动。这项运动还有益于大脑皮层兴奋、抑制的调节，有利于促进左右半脑的协调发展。另外，要记住太极拳的招式，也需要专注力、观察力和记忆力的配合。

我之前在带世界记忆大师集训营时，一位当医生的学员王峰，会在休息时带所有学员一起打太极，我也学了一点皮毛。其中有一位选手叫王雪冰，平时通过打太极来调节紧绷的身体状态，比赛时她在赛场外打太极来放松减压，最终获得了"世界记忆大师"证书。

我在2022年看到《新世界：灵性的觉醒》这本书，里面说："中国沉重的痛苦之身，因为广为流行的太极拳的修炼而减轻。每天在城市街道和公园中，上百万的人在练习这种可以让头脑平静的动态冥想。这使得他们的集体能量场有显著的不同，可以帮助减少思维杂念、创造临在感，继而减轻身心的痛苦。太极、瑜伽等运动将在全球意识觉醒上扮演着重要的角色。"这促使我学习了一段时间武当太极拳，以探索身心脑的合一与平衡。

5. 练瑜伽

瑜伽是通过体式、冥想、音乐等方式来达到一种意识状态，可以帮助恢复精力，让你的思维清晰和心灵平和，有些瑜伽还可以促进记忆力的提升。我对于瑜伽也是心向往之，曾经在健身房体验过不同的瑜伽。在世界记忆大师集训营里，总教练胡小玲老师会带大家做一些简单的瑜伽。

《轻松易学的三式健脑瑜伽》这篇文章里，推荐了一个健脑瑜伽的体式：金字塔式。有兴趣的话，请参考配图来做吧。

（1）自然站立于垫子上，双脚分开大约两肩宽，双手自然垂落于身体两侧。

（2）双臂向后伸展，弯曲手肘，双手在背后合十。

（3）深深吸气，呼气时慢慢向前放低上身，直到头部触碰地面。这时头顶正好在双脚连线的中点上，全身重心在双腿上。保持这个姿势 10 秒左右。

（4）注意均匀呼吸，然后慢慢立起上身。再重复一次。

（5）如果感觉身体很难平衡，可以不用将双臂贴在后背上，直接用双手撑地。

模特／杨欢　摄影／韩广军

好啦,这些运动,有你喜欢的吗?可以挑选一个动起来吧,在运动中让自己的大脑升级,让记忆达到最佳状态!

第五节
家务锻炼法

科学研究表明，用正确的心态做家务，可以让大脑变得更聪明！英国伯明翰阿斯顿大学的研究者对100名男女进行了记忆测试，结果发现在动作和行为上的记忆，女性表现得更出色。研究者指出，这与女人经常做家务有关，如果男人多做家务，也可以改善。

加拿大贝加尔老年医学中心研究小组的一项研究表明，花费更多时间从事家务活动的老年人大脑容量更大，大脑心智更加健康。研究人员认为，家务事会对心脏和血管产生良好影响，进而促进大脑健康；用脑计划和统筹安排家务事可以促进新的神经连接的形成；做家务避免了久坐，久坐会让大脑变得迟钝。

那有些家庭主妇为何做了一辈子家务，反而还会出现健忘等症状呢？日本脑科专家加藤俊德在《家事头脑锻炼法》中提出，三种消极的做家务方式会让大脑衰退：一是做家务的方式一成不变，比如一日三餐都是那几道菜；二是边做边抱怨，带着很强烈的情绪在做家务；三是追求省时省事，怎么简单怎么来。

想要让做家务更健脑，需要"脱自动化"，要花心思去制造一些新鲜感，学会乐在其中，而且要下功夫用心做，不要觉得它麻烦。2021年中秋节时，爱人买了做月饼的模具。她选取了紫薯、糯米、山药、椰蓉等材料，带着我和4岁的孩子一起做月饼，大家吃起来非常开心。

那做哪些家务，怎样做家务，能改善大脑，提升记忆力呢？

1. 尝试做复杂的新菜

我平时做菜并不多，2010年在备战世界记忆锦标赛时，我在武汉东湖沙湾村和选手们一起集训，大家轮流做饭，我当时尝试挑战做了一些新菜，比如蘑菇炖鸡。

我在手机上搜索到菜谱，准备好要用的材料，正式做之前，我会在脑海中预想一两遍做菜的步骤，并且想象做出来后的成品。接下来尝试一边回忆一边做，做的时候把步骤默念出来，就像是在直播一样，强化自己的记忆。想不起来的时候，就再瞄一眼菜谱。将菜做完之后，闭眼再想象一遍，把整个过程复盘一下。同一道菜，隔一两天再做一次，基本上就可以记住了。

做菜的过程，会融入视觉、听觉、味觉、触觉、嗅觉等各种感官。一般做菜时会用舌头试一下咸淡，然后再适当进行调整，之后再试一次进行比较，这个过程就在锻炼"味觉记忆力"，这也是其他家务很少有的。

另外，做菜的时候情绪状态非常重要。首位获得格莱美音乐奖的中国籍歌手央金拉姆在《大地母亲时代的来临》这本书里说："情绪不好的主妇会被这种忧伤愤怒的负面能量占有，会变成一个负面的磁场。在这种负面磁场里，女主人边骂人，边做饭菜，你想想这样的饭菜会带有怎样的能量？全部是负面的能量系统。"

做饭时，要有这样的心态："用感恩的心为家人做一顿饭菜，把善意融入其中，用爱心的创作，把我们美好的祝愿都放在每顿饭菜里面。愿全家人吃了我们做的饭都能感受到欢乐和幸福。"这样的饭菜才能真正滋养身心脑的健康，让他人吃得欢乐和自在，品出幸福与智慧。

2. 对物品进行收纳

换季时，对家里的衣服进行收纳整理，在看到每件衣服时，可以回想它是在哪年买的，在哪里买的，今年穿了大概多少次，在哪些场合穿过，这就在调取长期记忆库里的记忆，从而决定这件衣服的去留。整理书架时，也可以尝试去回想，这本书在哪买的，什么时候读过，里面大概讲了什么，产生了哪些帮助，还有没有再阅读的价值。

这些年，"断舍离"非常流行，不需要的东西可以送给别人、捐出去或者扔掉。央金拉姆说："只要你从清理屋子开始，你的身体就会慢慢变好。只要你开始丢东西，你身体里面的堆积会畅通。只要你开始把家里的杂物清理清楚，你身体里乱掉的脉络就会被理顺。"

在写作这段内容前，我刚把书房做了一次清理。看到书房更加整洁了，我心情非常舒畅，大脑也更清晰了。我一年会清理几次书房，很长时间都不再阅读的书，我一般会捐给"渔书"、送给朋友或者放到公司去。

3. 正念做单调的家务

有些家务可能确实不太有意思，比如拖地、洗衣服、擦玻璃等，我们可以通过"正念"将它变成一种自我修炼的方式。"正念"，说简单一点，就是把注意力全部放在当下这一刻，而不是一边做家务一边在抱怨，想着早点结束。

我在读大一时就曾试过用正念来洗衣服。洗的时候，我专注于双手的每一个动作，聆听水哗哗流动的声音，观察每一个泡泡的形状和颜色，留意我在揉搓衣物时的心理感受。在那一刻，我的脑海里只有洗衣服这件事，没有其他任何杂念。

《大地母亲时代的来临》里分享了很多做家务修心的方法，作者推荐在生气时可以拖地，让身体的能量流动，在出汗之后将身体的脏东西排出去，就会感觉身心愉快。在劳累之后休息的刹那，没有过去，也不想未来，此时就是当下，请享受那一刻的美好感觉。经常这样做，大脑也会更清明。

除了这三点，你还可以在做家务时尝试听听歌，练习一心二用，也可以挑战限时或伴着节奏做家务，我偶尔在做菜时，会在盖着锅盖煮东西时，听着音乐即兴起舞。总之，想办法让自己享受这个过程，享受大脑的愉悦与蜕变吧！

第六节
穴位按摩法

穴位按摩，大家耳熟能详，《黄帝内经》里说："经络不通，病生于不仁，治之以按摩。"《按摩消百病》这本书里介绍："按摩是一种自然的物理疗法，利用按摩者的双手在体表刺激相应的经络、穴位，来调节机体的平衡和神经功能，具有活血化瘀、通络止痛、软坚散结、祛风散寒、消除疲劳的作用。"

我从高三时就开始尝试大脑按摩，在记忆比赛训练期间也经常做。日常工作疲惫了，也会做一个头部按摩，消除疲劳，放松大脑。2014年我组建文魁大脑国际战队时，还专门邀请了大脑保健师罗润祥医生作为队医，在训练和比赛期间为选手们按摩大脑，助力选手夺冠。

我常按的穴位有以下三个，这里请韩广军作为模特拍摄了照片。

（1）太阳穴。太阳穴出现胀痛的感觉，就是大脑疲劳的信号，以拇指指肚分别按在两边的太阳穴上，稍用力使太阳穴微感压力，然后顺逆时针各转20次。

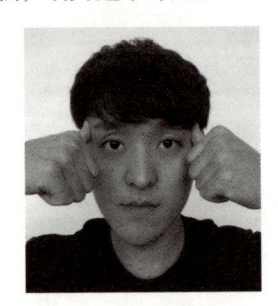

（2）百会穴。百会穴位置在头顶的正中间，也就是两只耳朵耳尖连线的交点，按摩它能够治疗头痛、头晕、脑贫血等，可以用拇指的指腹按压它5秒，然后突然加压后移开，这样连续按压5至10次。

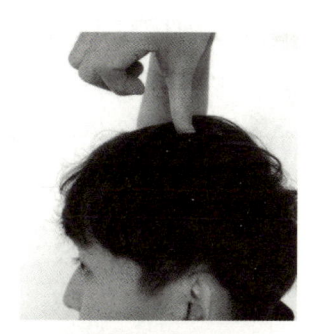

（3）风池穴。风池穴是一个祛风散寒、疏解头部经络、治疗头晕头痛的要穴，它在耳后稍下的位置，即颈后凹陷处，按摩的方式同上面的百会穴，每天可以在工作或学习的间隙按摩几次。

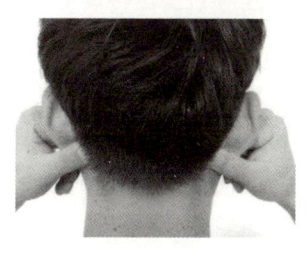

有些特定问题引起的记忆力衰退，比如神经衰弱和考前综合征，《按摩消百病》这本书里有相应的按摩方法，推荐给大家。

1. 神经衰弱

神经衰弱常表现为失眠多梦，头痛头昏，记忆力减退，注意力不集中，自我控制能力减弱，容易激动等。2022年我在盲人按摩店里按摩时，听到旁边的客人说："我患有神经衰弱十多年了，吃了药反而整晚都睡不着，真是痛苦得不得了。这两年通过打坐、站桩、按摩等方式，才有了一些好转。"

神经衰弱可以按摩以下穴位：

（1）风池穴：用手把穴位附近的皮肤，稍微用力拿起来，用此法按摩15~20分钟。

（2）百会穴：虎口张开举起双手，大拇指之间碰触耳尖，掌心向头,四指朝上,食指相碰处即是百会穴,按揉15～20分钟。

(3)神门穴:在手腕横纹处,从小指延伸下来,到手掌根部末端的凹陷处。按揉15～20分钟。

2. 考前综合征

考前综合征是考生在考试前出现的一系列诸如心情紧张、焦虑、学习困难、记忆力下降、心悸、厌食和失眠等症状。要想让自己心态平和地参与考试,可以按摩这些穴位。

(1)睛明穴:用大拇指指甲尖轻按鼻梁旁边与内眼角的中点,即可找到此穴。可以用右手大拇指和食指合力捏此穴10～15分钟。

(2)太阳穴:在前额两侧,外眼角延长线的上方,两眉梢后的凹陷处,可以按揉10～15分钟。

(3)风池穴:双手置于脑后,掌心向上,四指轻扶头两侧,大拇指指腹位置即为此穴,可捏揉此穴10～15分钟。

(4)肩井穴:位于肩上,乳头正上方与肩线处的交点即是,按揉此穴10～15分钟。

按摩有一定的专业性,请根据自身情况来决定是否采用,或者遵循专业医生的建议。按摩时要注意,情绪激动、饮酒后、饱食后不宜按摩,饭后2小时,沐浴后1小时再按摩,会起到更好的效果。

按摩前要修整指甲,以免划伤,按摩时要放松,可以听一些轻音乐。按摩的力度要适宜,以感觉轻微酸痛为宜。想要达到最好的效果,要坚持哦!

第七节
手印刺激法

在日常练习瑜伽和冥想时,经常会使用"手印",有些手印还可以改善脑力,促进记忆力的提升。

"印度闪亮人物国家奖"获得者迪帕克·杜德曼德医生在《手印:健康握在指尖》一书中介绍了大量的手印。他指出:最好是双手一起做,同时刺激左右脑,另外指压的力度要适宜,如果每一个手印练习30分钟,效果最佳,但可以从10分钟开始,慢慢增加练习时间。

书里推荐了三个与记忆力直接有关的手印,分别是气流手印、睿智手印和知识手印,我的学员陈芊羽帮我拍摄了照片,来分别看看该怎么练习吧。

1. 气流手印

食指、中指、无名指及拇指的指尖接触,小指舒服地伸直。这个手印有助于提高大脑细胞合成代谢活动,为身体和大脑供给充足的能

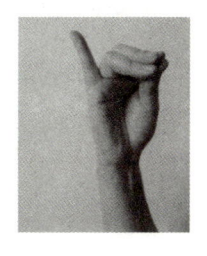

量，带来内心的平静，从而改善记忆力、智力和创造性思维。另外，它特别有益于甲状腺问题，可以配合药物治疗来缓解症状。这个手印建议每天练习 30 ~ 45 分钟。

2. 睿智手印

双手手指张开，两手对应的手指指尖相接触，手掌不要合拢，仿佛中间有一个球。这个手印坐、站、躺着练习都可以，每天练习 30 ~ 45 分钟。

练习时，源自掌心的能量经过指尖循环重新进入身体，这将增强大脑的能量，并创造大脑两个半球的平衡，因为每个手掌分别代表一侧的大脑。

睿智手印能改善并加深呼吸，为大脑提供更多氧气。在思考及阅读时，练习该手印将有更多的益处。若需长时间集中注意力，获得一些好点子，记起你曾读过的东西时，该手印将最有助益。

3. 知识手印

伸出五指，拇指与食指指尖捏在一起，指尖以轻微压力接触，其余手指放松，正常伸直，类似于 OK 的手势。这个手印可在任何情况下练习，闲时可以双手练习，工作或学习时可单手练习。

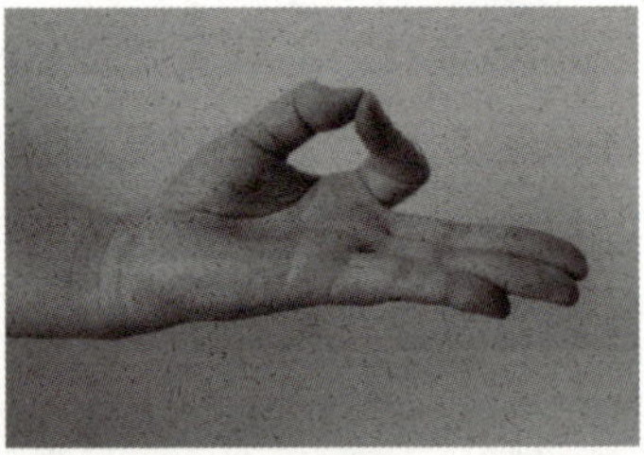

知识手印能非常有效地调节由压力及焦虑所致的虚弱，能调节源自大脑的不良影响，如愤怒、过度兴奋、精神不稳定、不安全感、拖延等。另外，它能有助于提升

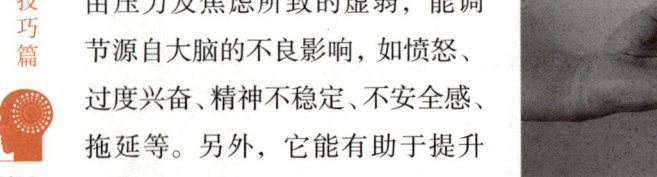

专注力、记忆力和反应力，对多动症有缓解作用，还能够改善因精神发育导致的低智商，是任何人都适用的一种手印。

除了这三个手印，作者提到，生命力手印是其他所有手印的协助及催化手印，在练习完其他手印后，可练习生命力手印5～10分钟。方法是：无名指、小指和拇指指尖接触，其余两个手指舒服地伸直。这个手印可以提高身体免疫力，增强新陈代谢，预防各种健康问题。

我平时会在静坐冥想时使用这些手印，在乘车时想到了也会练习，我还会将它们分享给我的学员，供感兴趣者练习，你也试试看吧！

第八节
睡眠健脑法

　　常言说:"不觅仙方觅睡方"。睡眠是健康之本,睡个好觉,可以保护大脑,人在睡眠状态下耗氧量大大减少,有利于脑细胞能量的储存,促进有毒物质的排出,同时可以将新的记忆转入到长期记忆中。

　　睡得好,醒来后人的大脑思路开阔,思维敏捷,记忆力更强。

　　有记者采访滑雪冠军谷爱凌:"你夺冠的秘诀是啥?"她的回答居然是:"睡觉就是我的'秘密武器',每天晚上睡10个小时!运动和睡眠是我生活中最重要的两件事。"她的妈妈是"睡眠警察",谷妈妈相信,睡好了才会能量满满,高效、专注地做好每一件事。

　　《中国睡眠研究报告(2022)》显示,过去10年国人的入睡时间晚了两个多小时,睡眠平均时长缩减到7.06小时,仅35%的国人能睡够8小时。其中,新手妈妈、学生、职场人士睡眠问题突出。如果睡眠不佳,会扰乱人体的激素分泌,还会发生神经衰弱,出现烦躁、易激动、精神萎靡、眼花、乏力等病症,会损害人的注意力、警觉性、推理力以及记忆力，长期缺乏睡眠还会出现幻觉。

如何拥有更好的睡眠呢？我和世界记忆大师吕柯姣研读了《睡眠革命》《增强记忆力的奥秘》等书籍后，结合自身经验，总结出如下三点：

1. 规律睡眠时间

为了让身体养成规律的生物钟，最好将每天的睡觉和起床时间固定下来。每当快睡觉的时候，身体会发出瞌睡的信号，很容易入睡。当第二天到了起床时间，身体会自动醒来，而不是被闹钟喊醒。

要确定睡觉时间，先确定好起床时间，比如早上六点半起床，假设你需要5个睡眠周期（90分钟为一个睡眠周期），那么睡眠时间应该是晚上11点。当然，如果你需要的睡眠比较少，也可以选择4个周期。对大多数人来说，每周获得35个睡眠周期是最理想的。

我在2010年备战世界记忆锦标赛时，每天晚上差不多10点睡觉，第二天早上6点多会自然醒，中午1点钟左右再午休半小时，如果晚上还要训练，我会在饭后半小时后小睡15分钟，规律的睡眠为我高强度的训练提供了精力保证。

2. 改善卧室环境

卧室的温度要适中，空气要流通，环境要安静，一般声音在30分贝左右比较理想。床铺应选择保持脊柱平衡的，以木板为底的席梦思床最好；枕头不宜太高，以中间低、两端高的元宝形为佳；被子不要太软或太暖。

卧室里不要摆放太多杂物，不宜摆放古董、佛像、垃圾桶、旧衣物以及过多的绿植等，最好也不要将手机、电脑、电视等放在卧室，辐射会对睡眠产生干扰。

睡觉时一定要关掉所有光源，并且拉紧窗帘，让环境尽可能黑暗，黑暗的环境对眼睛和大脑的刺激较小，容易进入深度睡眠。如果有无法控制的环境，比如宿舍、酒店的室友需要用灯，可以戴一个遮光眼罩。

3. 控制睡前活动

睡觉前不要喝茶、喝酒、吃夜宵，不要进行剧烈运动、看刺激性影视剧。此外，高强度的脑力训练、玩手机游戏、看烧脑书籍、听刺激的音乐等也应尽量避免。目前，手机成为影响睡眠的主要因素，手机屏幕的"白光"可以刺激视觉神经让大脑兴奋，浏览视频和朋友圈等会对大脑产生刺激，减弱睡意。即使手机只是放在枕边，也会产生干扰。近两年，我开始在晚上 10 点左右将手机关机，把它放在书房充电，这样可让我心神安宁，更快入睡。

以下方法也可有益于睡眠：用热水泡脚，我家会煮艾叶水泡脚；按摩脚底的涌泉穴；听一些舒缓的轻音乐；用双手梳头到头皮发热；用双手将全身皮肤搓几遍；平心静气散步 15 分钟左右；做一个全身放松冥想；躺在床上双手交叠后揉腹，我一般会绕着肚脐顺时针和逆时针各揉 108 次。

如果实在是失眠睡不着，怎么办？如果是大脑里有很多思绪，我就将它们全部记录在纸上，释放完之后再去睡觉。另一种方式就是自我催眠，依次放松身体的每一个部位，并且用语言暗示自己："我的身体完完全全放松了""我现在很困很困，我正在进入深度睡眠中。"慢慢就会进入睡眠状态。你也可以在公众号"袁文魁"（ID：yuanwenkui1985）回复"安神助眠"，收听冥想引导师向慧录制的冥想。

祝你拥有好睡眠，在睡眠中养护大脑，让记忆更好地存储！

第九节
觉察反参法

2021年我看到周行老师的书籍《病由心灭》，其核心观点是"治病宜先治心"，很多疾病都和担心、害怕、着急、盼望等各种心情有关，正如《黄帝内经》里所说："喜伤心，怒伤肝，恐伤肾、思伤脾、惊伤胆。"通过觉察反参，可以清扫内心垃圾，辅助治疗常见疾病。

什么是觉察反参呢？就是将过去发生的记忆，如实地在脑海中清晰再现，进行自我反思并且释放掉。反参可以只在脑海中进行，也可以向值得信任的人讲述，如果将它们写下来，效果也会很理想。反参时要平心静气，不要带有强烈的情绪。有些记忆要反复思考，这样可以帮助清理情绪垃圾，收回生命能量。

《病由心灭》这本书中有一节讲"如何提高记忆力"，提出重点要参以下四项，我自己做过好多次练习，也在课程中带领学员做过几次。

（1）反参过去你学习好、记忆力好，非常得意、激动和高兴的画面。《道德经》里说："自伐者无功，自矜者不长。"意思是：

自我炫耀之人，没有功劳；自我夸耀之人，无有长进。

我反参中想到很多得意忘形的画面，包括用记忆法背文科比同学快时的激动，背完《道德经》等书籍后的炫耀，成为"世界记忆大师"后的自傲，我在心里告诉自己："我当时不应该那么激动、高兴和得意，对不起，请原谅！"

（2）记忆力强的人，往往很傲慢，需要反参瞧不起别人的画面。我想起当初我的傲慢，对于记东西很慢的同学，我心里会想："你怎么这么慢，还没有记住？"成为"世界记忆大师"后，有段时间我会有一种优越感，会瞧不起没学习记忆法的同学，觉得他们还在死记硬背的苦海里执迷不悟。我在反参中觉察到当初的可笑，并且在心里告诉别人："对不起，我当时不该瞧不起你，请你原谅！"

（3）有些人经常撒谎来掩饰自己，这样就等于把图像加了一层膜，就会对很多事情的记忆变得模糊，进而导致记忆力减退。可以回想从小到大你说谎的画面，包括那些"善意的谎言"，将它们清晰地再现出来，并且告诉别人："对不起，我当时欺骗了你，我没有诚实地表达自己，请你原谅！"经常做这个练习，内心会清理出一些空间，让大脑更加清晰地储存新的记忆。

（4）请反参一下你讨厌学习的画面，比如你逃课、撕书、上课睡觉、不做功课、懒得看书等画面，将你从小到大能够想到的，在大脑里都一一反参出来，越清晰越具体越好。如果有讨厌的科目，可以想象你抱着那本书说："我不该讨厌你，我要开始喜欢上你。我不应该怕学不好，我相信我能学好！"

我在记忆管理学课程里带大家阅读书籍时，引导学员和书本建立联结，去反参过去不爱惜书本、讨厌读书的画面，比如撕书、扔书、踩书、烧书、骂书等，并且对书本说："对不起，请原谅，谢谢你，我爱你！"有些学员与书本的关系管道打通了，对于某些书不再抗拒了，阅读起来更加顺畅，速度和理解力也提升了。

除了进行"记忆力"的反参，作者还提到，如果我们在日常生活中受到的刺激过多，也会影响到记忆力，比如经常看激动人心的暴力电影和电视剧，或过多关注负面能量的新闻和八卦，这会让我们的大脑过度负荷，就很难装下其他重要的内容了。《道德经》里说："五色令人目盲，五音令人耳聋。"想要激发大脑潜能，我们要学会减少外界刺激，多闭目养神，让大脑放空，这样记忆力会更好，还会产生更多智慧的见解。

第十节
大脑赋能冥想法

生活在快节奏、高压力的社会，大部分人都面临着来自家庭、事业、学业、情感、经济等各方面的压力，"高压锅"的生活让一些人陷入焦虑、抑郁、紧张等情绪，进而导致失眠多梦，头昏脑涨，注意力涣散，记忆力减退，影响到我们的学业、事业、家庭关系和生命质量！

如何为身心灵减压？很多知名人士都选择了冥想，比如苹果创始人乔布斯、篮球明星科比等。据统计，美国有超过2 000万人将冥想奉为最有效的缓解压力和精神疲劳的方法。在中国，各种冥想App如雨后春笋，冥想开始受到关注。

冥想的好处有很多，它能帮助我们放松大脑和心情，缓解焦虑和疲惫等状态，回到精神饱满、思维清晰的高效用脑状态。长时间坚持冥想，不仅更容易拥有平静而放松的内心，同时专注力、记忆力、创造力、想象力、抗压能力也会得到明显的提升，让我们被封印的大脑潜能释放出来！

我最初接触冥想是在读高三时，当时每天学习得头昏脑涨，课间的短暂冥想，让我的大脑变得更加充满活力，这些冥想对我考取武汉大学有一定的帮助。2008年我在备战世界记忆锦标赛时，每天会在训练的几个间隙做冥想，放松大脑，调整状态，它是帮助我成为"世界记忆大师"的秘密武器之一。

当我成为记忆教练之后，我又学习到很多冥想，也曾跟随卡巴金、温宗堃等老师学习冥想。我在带选手备战比赛时，有一段时间会每天带他们做冥想，很多选手成为世界记忆冠军、世界记忆大师、吉尼斯世界纪录保持者。考取哈佛的世界记忆大师万家成说："冥想对我的帮助真是太大了，感觉都超过了记忆法！我在哈佛的很多老师都会在课堂上提到冥想，非常神奇。"

那冥想到底是什么呢？其实，不同的门派有不同的说法，形式也千差万别，常见的有正念冥想、引导式冥想、瑜伽冥想等。我心中的冥想，是通过特定的方式，让纷繁复杂的思绪开始平息，进入特殊的脑波状态，从而忘却时间、空间和自己的存在，从世俗的世界里暂时解脱出来，回归到自己最本真的状态。再经由有意识地引导，我们可以达到心境转换、情绪疗愈和激发潜能等各种效果。

我主要练习的是引导式冥想和正念冥想，比较关注与"大脑"有关的冥想，并将其收集整理在一起，对引导词进行完善和再创作，将之统称为"大脑赋能冥想"。2021年，我和向慧老师在酷狗音乐上线"大脑赋能冥想"，半年时间就有700多万播放量。

本书的最后，我挑选一个与"打造最强大脑"有关的冥想，主题是"脑区赋能"，请在公众号"袁文魁"（ID: yuanwenkui1985）回复"脑区赋能"，获取引导音频，你也可以大致记住下面的内容，然后按照步骤来引导自己冥想。冥想前，可以先看看这张大脑皮质功能分区图。

后额叶
顶叶
前额叶
枕叶
颞叶

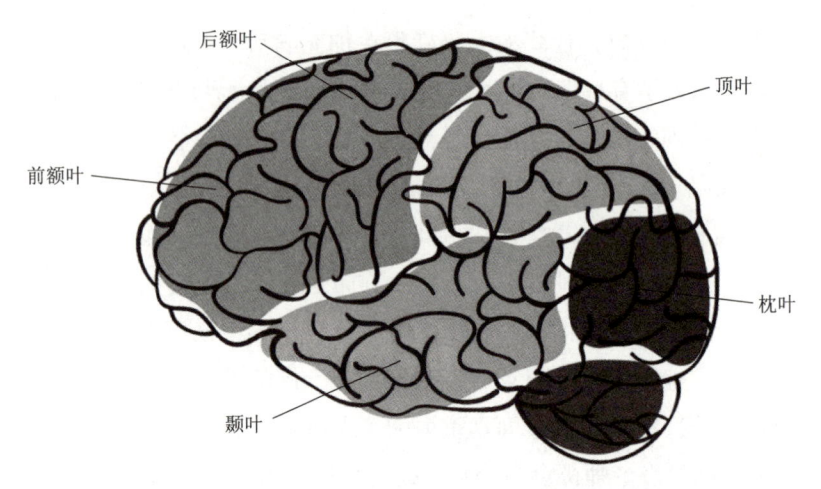

请找一个安静的地方，坐下来，闭上眼睛，做几次深呼吸，吸气的时候用鼻子来吸气，吐气的时候用嘴巴吐气。每一次深呼吸，你都会感觉到自己越来越放松，身体越来越舒服，越来越充满能量。请吸气——吐气——，吸气——吐气——，吸气——吐气——，吸气——吐气——，吸气——吐气——

请进入正常呼吸的状态。请你想象一下，有一束充满能量的白色光芒，从宇宙的源头到达你的头顶。它经过你头顶正中间的百会穴，缓缓进入你的大脑里面，给你的大脑带来充足的能量。

接下来，这束白色光芒将依次照亮你的大脑部位，给这个部位注入更多的能量。首先，把注意力放在你的前额叶上，它位于你前额的内部，想象你的前额叶被白色光芒完全充满，新的神经元在其中生长出来。前额叶可以帮助你做计划、做沟通、创造蓝图、领导团队。请你想象这些能力变强后，你在工作和生活中的画面。

下一步，想象一下白光照亮后额叶，它在前额叶后面一点的位置，主要负责逻辑推理、语言表达、空间想象、构思冥想等功能。想象这个脑区被进一步激活，你的这些能力越来越强，在公众演讲、写作文章、团队会议中表现更加出色。请想象能力发挥出来的画面。

接下来,白光照射在你的顶叶,顶叶位于大脑正中偏后一点,主要负责身体的体觉,感知外面的世界。当顶叶的能力被进一步激发,你的动手能力将变得更强。想象一下,在工作和生活中,你的动手能力变强后,创造出很多让人惊羡的作品,将那些画面都呈现出来吧!

之后,将注意力放在后脑勺附近的枕叶上,它主要负责视觉的功能,包括视觉辨识、观察、欣赏、记忆等,当白光注入这个部位时,想象它被进一步激活,你的观察力、记忆力、欣赏力等都会越来越强,想象这些能力变强之后,你的生活会有哪些变化。

接下来,将注意力放在颞叶上,它位于大脑的中部,负责我们的听觉功能,包括听觉辨识、听觉感受、音乐欣赏、理解语言等。想象这个部分被白光笼罩,进一步被激活,你的听觉记忆力将变得越来越强。

最后,想象白光充满你的整个大脑,它将清理大脑里堵塞的能量,激活新的大脑神经元,为大脑注入源源不断的活力。这将让你更加轻松地应对日常的学习、记忆、观察、创造、想象等所有脑力活动。

现在,请在内心里面告诉自己这些话:
我大脑的功能区都协调运转着。
我的大脑充满活力和能量。
我是我大脑的主人,我爱我的大脑。
我大脑的无限潜能正在释放中。
我的记忆力、想象力、创造力都越来越好。
谢谢你,我爱你。
接下来,从 1 数到 5,慢慢睁开你的眼睛,1、2、3、4、5…

睁开眼睛,搓搓双手,活动一下你的身体,回到现在!

好啦,脑区赋能冥想结束了,这本书也告一段落了。但是,你的大脑赋能之旅,其实才刚刚开始,这将是你要用一生去精进和探索的旅程。

祝愿你能够拥有最强大脑,让你的人生变得无限美好!同时,我也很期待缘分让我们有一天相聚,携手走过一段美好的旅程,一起成为记忆管理师,传承记忆智慧,点亮知识之光!一起为大脑赋能,让生命绽放出更加绚丽的光彩!

记忆魔法师字母代码表

Aa 苹果	Bb 笔	Cc 月亮	Dd 弟弟
Ee 鹅	Ff 斧头	Gg 哥哥	Hh 椅子
Ii 蜡烛	Jj 钩子	Kk 机枪	Ll 棍子
Mm 麦当劳	Nn 门	Oo 鸡蛋	Pp 皮鞋
Qq 气球	Rr 小草	Ss 蛇	Tt 伞
Uu 水杯	Vv 漏斗	Ww 皇冠	Xx 剪刀
Yy 衣撑	Zz 闪电		

注：a 是联想到单词 apple，因此编码为"苹果"。其他主要是根据读音和形状来编码。

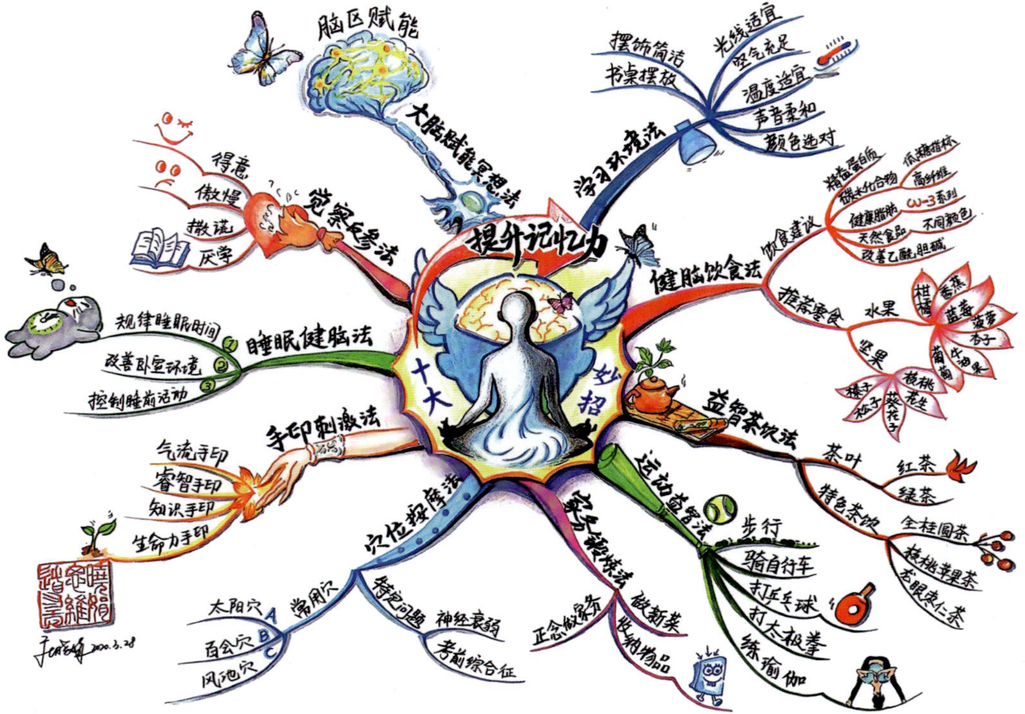

文魁大脑导图战队导师、高级知识记忆管理师　庄晓娟　绘

《打造最强大脑》全书思维导图

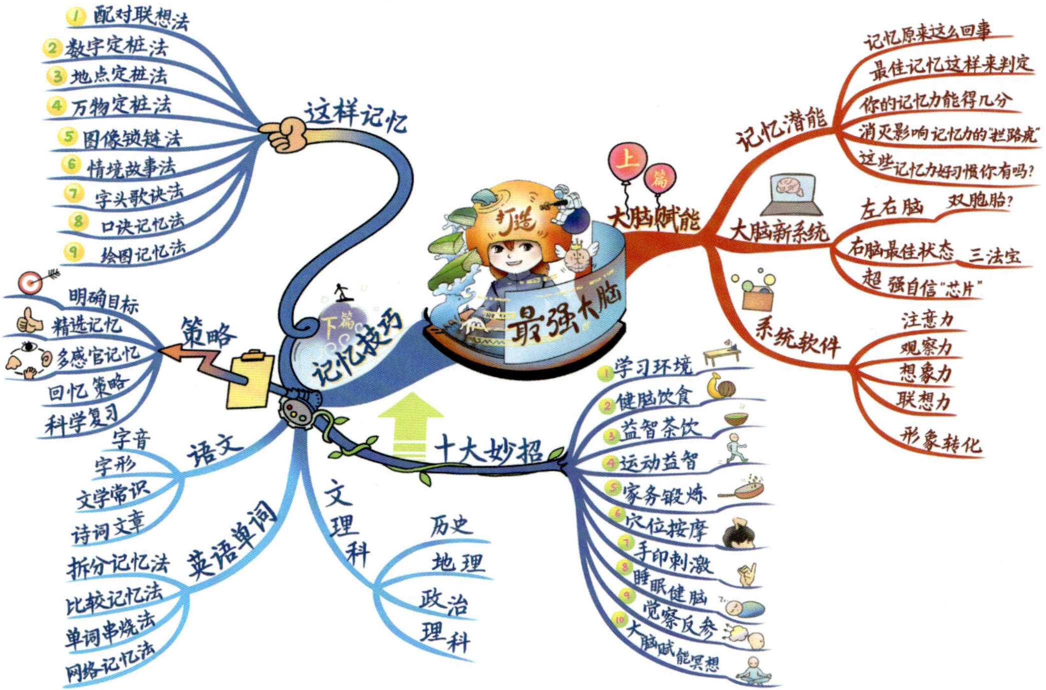

大脑解密

记忆潜能
- 记忆真这么回事
- 最佳记忆这样来制定
- 你的记忆力能得几分
- 消失影响记忆的短路束
- 这些记忆力好坏你有吗？

大脑审视系统
- 左右脑 大脑
- 奇妙联系术态 三法定
- 超强自信"药"

系统软件
- 注意力
- 观察力
- 思维力
- 联想力
- 形象转化

最强大脑

十大妙招
1. 学习环境
2. 健脑饮食
3. 益智茶饮
4. 运动益智
5. 多多联听
6. 穴位按摩
7. 手印健脑
8. 睡眠健脑
9. 减压泉养
10. 大脑观配想

下减的记忆法

泛样记忆
1. 数字联想法
2. 谐音定桩法
3. 地点定桩法
4. 万物定桩法
5. 图像钩挂法
6. 情境故事法
7. 字头歌诀法
8. 口诀记忆法
9. 绘图记忆法

策略
- 明确目标
- 精准记忆
- 多感官记忆
- 回忆复习
- 科学复习

语文
- 字形
- 字音
- 文学常识
- 诗词文章

英语单词
- 拆分记忆法
- 比较记忆法
- 单词多桩法
- 网络记忆法

文理科
- 文 历史
- 理 地理
- 科 政治
- 理科

文魁大脑导图战队导师，世界思维导图锦标赛冠军 李丰澍 绘

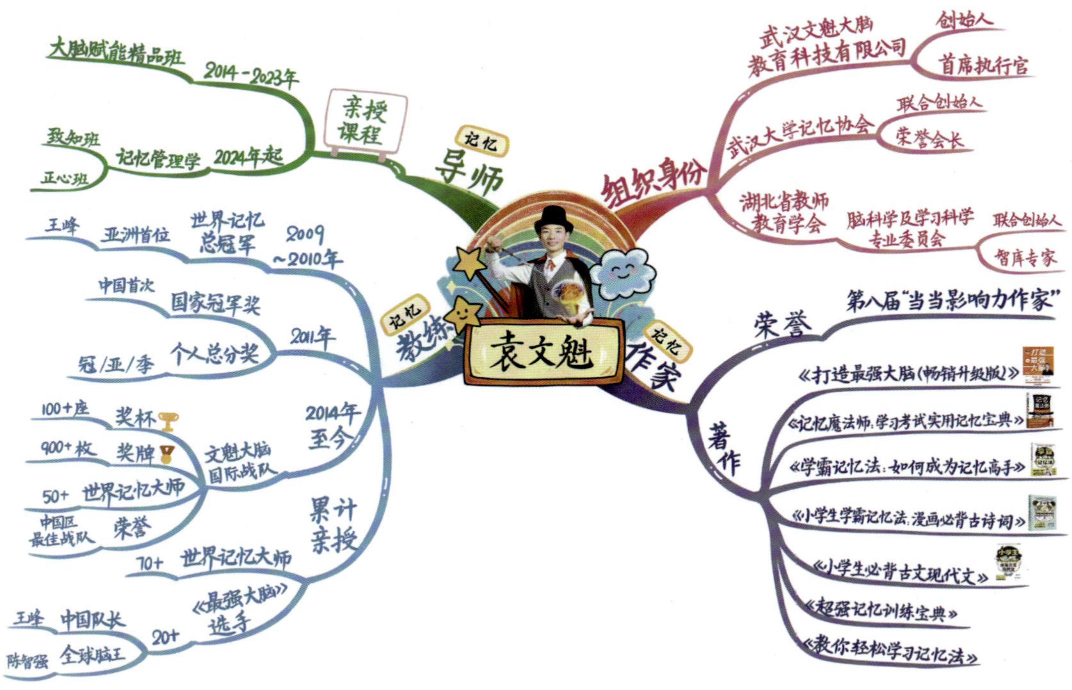

袁文魁

组织身份
- 武汉文魁大脑教育科技有限公司 — 创始人
- 武汉大学记忆协会 — 首席执行官 / 联合创始人 / 荣誉会长
- 湖北省教师教育学会
  - 脑科学与学习科学专业委员会 — 联合创始人 / 首席专家

荣誉
- 第八届"当当影响力作家"

著作
- 《打造最强大脑(畅销升级版)》
- 《记忆魔法师:学习考试实用记忆法》
- 《学霸记忆法:如何成为记忆高手》
- 《小学生学霸记忆法:漫画必背古诗词》
- 《小学生必背古文现代文》
- 《超强记忆训练宝典》
- 《教你轻松学习记忆法》

记忆导师
亲授课程
- 大脑超能精品班 2014~2023年
- 熨斗班
- 正心组
- 记忆管理学 2024年起

记忆教练
- 王峰 — 亚洲首位 世界记忆总冠军 2009~2010年
- 中国首次 国家队冠军 2011年
- 个人总分奖 2014年至今
  - 奖杯 100+座
  - 奖牌 900+枚
  - 文魁大脑 国际战队
- 荣誉
  - 50+世界记忆大师
  - 10+ 中国区最佳战队
- 世界记忆大师 《最强大脑》选手
  - 王峰 — 中国队长
  - 贺婼蕊 — 全球总王